灌区工程 PPP 项目政府方管理与实践
——以小浪底北岸灌区工程为例

申继先　主编

黄 河 水 利 出 版 社
·郑 州·

内 容 提 要

《灌区工程PPP项目政府方管理与实践》聚焦国家172项节水供水重大水利工程之一小浪底北岸灌区PPP项目，深入解析其在政府与社会资本合作（PPP）模式下的创新实践。全书对小浪底北岸灌区PPP项目全生命周期运行中的核心管理议题进行了系统探讨，包括风险识别与分配、政府方和社会资本方职责边界探索、建设期与运行期的政府监管体系构建、基于云模型的投资效果评价等。通过对项目管理实践的深度剖析，提炼总结了灌区工程PPP模式的风险防控策略、协同管理机制及动态监管经验，填补了相关理论空白。

本书可供水利工程管理者、PPP项目从业者、政策制定部门、工程咨询机构、高校及科研院所研究人员，以及关注基础设施投融资改革的社会各界人士参考使用。

图书在版编目（CIP）数据

灌区工程PPP项目政府方管理与实践：以小浪底北岸灌区工程为例 / 申继先主编. -- 郑州 ：黄河水利出版社，2025.2. --ISBN 978-7-5509-4160-1

Ⅰ.TV632.61

中国国家版本馆CIP数据核字第2025N9C162号

责任编辑　路夷坦　　　　责任校对　杨秀英
封面设计　张心怡　　　　责任监制　常红昕
出版发行　黄河水利出版社
　　地址：河南省郑州市顺河路49号　邮政编码：450003
　　网址：www.yrcp.com　E-mail: hhslcbs@126.com
　　发行部电话：0371-66020550
承印单位　河南新华印刷集团有限公司
开　　本　787 mm×1 092 mm　1/16
印　　张　8.5
字　　数　180千字
版次印次　2025年2月第1版　　　2025年2月第1次印刷

定　　价　39.00元

灌区工程 PPP 项目政府方管理与实践
——以小浪底北岸灌区工程为例
编辑委员会

主　编　申继先

副主编　康鸣雷　黄　凯　袁榆梁　李迎春　苏昆琨

编　委　赵本超　张卢笑　熊玉东　董朝阳　岳昌旭　员建中　潘　阳　王　帅　张应飞　赵　亭　李昱儒　肖培近　张瑞姣　史润田　闫苏予

一干渠曲阳湖出水口

赵庄渡槽

济河保安庄拦河闸

总干渠 2 号陡坡

河南省副省长孙运锋调研本项目

2023 年 9 月 26 日，河南省水利厅党组书记、厅长申季维调研本项目

2023 年 6 月 14 日，河南省人民代表大会常务委员会委员、农业与农村工作委员会副主任刘正才调研本项目

2023 年 5 月 9 日，中华人民共和国水利部建设与管理司调研本项目

2021 年 1 月 21 日，河南省发展和改革委员会调研本项目

2021 年 1 月 20 日，河南省财政厅 PPP 中心调研本项目

2020 年 10 月 14 日，中华人民共和国水利部建设管理与质量安全中心调研本项目

2019 年 3 月 6 日，国家发展和改革委员会国家投资项目评审中心调研工程取水口

序

小浪底水利枢纽工程是黄河干流上的一座集减淤、防洪、防凌、供水灌溉、发电等为一体的大型综合性水利工程，是治理开发黄河的关键性工程。坝址所在地南岸为洛阳市孟津区小浪底村，北岸为济源市蓼坞村，是黄河中游最后一段峡谷的出口。

小浪底北岸灌区工程从小浪底水库引水，通过骨干工程和灌区灌排工程系统，满足济源市、焦作市（含沁阳市、孟州市、温县、武陟县等）区域内农业灌溉、城乡生活与工业用水需求。该工程对构建黄河北岸清水走廊，改善区域生态环境，增加粮食生产能力具有十分重要的意义。项目年引黄河水量 2.39 亿 m^3，为广利灌区补源 20 万亩❶，灌溉济源市、焦作市农田 51.7 万亩，为城镇生活和工业供水 1.12 亿 m^3。小浪底北岸灌区工程是国家1 000亿斤粮食增产能力规划项目和国家172项节水供水重大水利工程之一，是河南省粮食生产核心区建设规划的重点项目，是利国利民的好项目。

政府和社会资本合作（Public-Private Partnership，以下简称 PPP）模式，自 20 世纪 80 年代初被引入我国。随着中国经济的快速发展和城市化进程的加速，PPP 模式逐渐得到更多的应用。2014 年，财政部发布了《关于推广运用政府和社会资本合作模式有关问题的通知》（财金〔2014〕76 号），明确了 PPP 模式的推广和应用范围，标志着 PPP 模式在我国正式落地推广。截至目前，我国的 PPP 项目已经覆盖了能源、水利、交通、医疗、教育等多个领域，PPP 模式在一定程度上解决了融资难题，提高了管理效率，分散了合作风险，引入了创新机制，加速了项目实施，提升了服务水平。

2015 年 5 月，国家发展和改革委员会、财政部、水利部研究确定了 12 项重大水利工程为第一批国家层面联系的 PPP 试点项目，其中湖南莽山水库、黑龙江奋斗水库、广东韩江高陂水利枢纽、重庆观景口水库、贵州马岭水利枢纽、四川大桥水库灌区二期、新疆大石峡水利枢纽等 7 个项目成功采用了 PPP 模式，初步探索了重大水利工程建设 PPP 模式路径。

2022 年 5 月，水利部发布了《水利部关于推进水利基础设施政府和社会资本合作（PPP）模式发展的指导意见》（水规计〔2022〕239 号），明确了水利 PPP 模式的主要领域，包括国家水网重大工程、水资源集约节约利用、农村供水工程建设、流域防洪工程体系建设、河湖生态保护修复以及智慧水利建设等 6 个方面，为水利领域 PPP 模式的实施提供了全面的指导。2023 年 11 月，国务院办公厅转发了国家发展和改革委员会、财政部《关于规范实施政府和社会资本合作新机制的指导意见》（国办函〔2023〕115 号）的通知，进一步规范了政府和社会资本合作新机制。

目前，PPP 模式在水利项目中的应用已经从探索试点过渡到发展普及、规范运行阶段，亟须对 PPP 模式的实践进行深入分析和经验总结，为立足新发展阶段、贯彻新发展理念、构建新发展格局，推动水利事业高质量发展提供参考。

小浪底北岸灌区工程作为“投资规模较大、需求长期稳定”的水利基础设施，属于适宜采用政府和社会资本合作模式的项目，采用 PPP 模式建设符合国家政策精神和河南

❶ 1 亩 =1/15 hm^2，全书同。

省委、省政府的战略部署。本书以小浪底北岸灌区PPP项目为研究对象，旨在深入分析并总结水利领域灌区工程采用PPP模式的运行机制。

全书共七章，探讨分析小浪底北岸灌区PPP项目在风险识别、风险分配、政府和社会资本方职责边界、决策与建设期政府监管措施、运行期政府监管措施以及投资效果评价等关键管理问题，总结提炼小浪底北岸灌区PPP项目在管理实践中的先进经验和做法，丰富和完善灌区工程PPP项目管理的理论框架，为同类项目提供借鉴和参考。

第1章　绪论。分3个层次全面介绍小浪底北岸灌区PPP项目，首先介绍小浪底北岸灌区工程背景和工程建设的必要性，其次介绍小浪底北岸灌区工程概况，最后对小浪底北岸灌区采用PPP模式的建设历程进行介绍，以期使读者全面了解小浪底北岸灌区工程和以此工程为依托的PPP项目。

第2章　风险识别及风险分配研究。在风险概念和理论的基础上，对小浪底北岸灌区PPP项目的风险因素进行了识别，提出适用于小浪底北岸灌区PPP项目的风险分配方案；分析项目的风险承担及防控措施，并以建设期和运营期项目风险管控重大事件为例介绍了项目风险防控实例。

第3章　政府和社会资本方职责边界探索。在职责边界探索相关理论研究的基础上，分析小浪底北岸灌区PPP项目中政府和社会资本方职责边界划分，梳理了建设期各方职责履行情况，提出建立政府与社会资本方职责边界协调机制。

第4章　决策与建设期政府监管措施研究。从对政府监管的基本概念、监管主体、国内外研究现状、政府监管的必要性等方面出发，在分析灌区工程政府监管特点、监管原则与监管流程的基础上总结了小浪底北岸灌区工程PPP项目政府监管的经验，为其他同类型项目进行政府监管提供了有力参考。

第5章　运行期政府监管措施研究。在总结典型国家政府监管经验的基础上，探讨小浪底北岸灌区PPP项目的运行机制和项目的政府监管方式，提出运行期政府监管措施和建议，确保项目后期能顺利运行。

第6章　小浪底北岸灌区投资效果评价。从项目流程、项目效益、项目满意度3个方面出发，构建了小浪底北岸灌区PPP项目投资效果评价指标体系，将云模型引入小浪底北岸灌区PPP项目投资效果评价，通过生成云图及隶属度计算最终确定小浪底北岸灌区PPP项目投资效果。

第7章　总结与展望。在总结本书内容的基础上，从如何与新机制衔接、如何在新机制下做好运营工作等方面，对小浪底北岸灌区PPP项目的运营进行了展望。

《灌区工程PPP项目政府方管理与实践——以小浪底北岸灌区工程为例》是对国家172项节水供水重大水利工程之一——小浪底北岸灌区工程建设运营管理的提炼研究，可帮助政府方、社会资本方和项目管理者更好地理解和应对重大水利工程PPP项目中的关键问题，为参与PPP项目的政府方、社会资本方、工程咨询方、教学与科研人员提供要点问题的思路指引，为打开水利工程PPP项目理论研究和实践探索的大门提供有益的指引，本书适合水利行业主管部门管理者及PPP项目从业人员阅读，也可供其他感兴趣的读者参考。

因作者知识和经验的局限，书中不足之处在所难免，敬请读者批评指正！

作　者

2025年8月

目　　录

第 1 章　绪　论

1.1　背　景

我国进入 21 世纪以来，中共中央一号文件连续 21 年聚焦“三农”问题，多次强调加强农业基础设施建设，加强农田水利建设，加大公共财政对水利的财政支出。灌区工程是助力乡村振兴战略顺利实施、保证国家粮食安全的基础性设施，在促进国民经济健康可持续发展方面具有无可替代的作用。

由于历史条件限制和长期超负荷运行，我国传统灌区工程大多存在工程老化失修、水资源浪费严重、灌溉效益衰减等问题。近年来，为了提升灌区建设水平，我国政府出台了一系列政策和财政支持措施，以期全面改善灌区建设状况。但由于政府财政资金不足且投融资渠道单一，在一定程度上限制了灌区建设的发展。

党的十八大以来，为转变政府职能，激发市场主体活力，形成国民经济新增长点，中共中央、国务院办公厅、财政部和有关部委先后发布了一系列文件，积极在基础设施建设和公共服务领域促进政府与社会资本合作（Public-Private Partnership，以下简称 PPP）项目。截至 2022 年 11 月，我国 PPP 综合信息网络平台建设项目及管理工作库入库建设项目达 10 363 个，管理工作库入库建设项目总额为 16.8 万亿元。PPP 模式提倡“专业的人做专业的事”，通过与社会资本方合作，在拓展政府投融资渠道、缓解财政压力的基础上，引入先进的运营管理技术和经验，有效解决政府专业人才缺失问题，有利于提高资产的运营管理效率。

我国灌区建设虽取得了长远发展并逐步迈向现代化，但是，相较于巨大的农业人口数量，灌区的存量仍然不足，在灌区工程中引入 PPP 模式不仅可以有效解决政府部门资金不足问题，还可以解决工程建设过程中管理经验不足的问题。在社会资本方加入后，项目建设过程中监管执行力得到增强的同时，还可以提升项目的运转效率，在项目建成后运营商可以将丰富的管理经验与先进的技术相融合。通过将 PPP 模式引入到灌区工程投融资领域，按照风险分配优化、风险收益对等和风险可控等原则，可以实现项目风险在政府和社会资本方的合理分配，进而实现灌区建设经济效益的最大化。

灌区 PPP 项目投资规模大，建设周期长，运营年限长，风险因素多，协调管理难度大，使得项目在实践过程中存在诸多问题。作为国务院确定的 172 项节水供水重大水利工程之一和河南省现代水网中的重要组成部分，小浪底北岸灌区工程采用 PPP 模式建设，总结与研究项目决策、建设、运行、管理的理论与实践，可帮助政府、社会资本方和项目管理者更好地理解和应对重大水利工程PPP项目中的关键问题，为相关政府部门、企业提供指导和借鉴，同时也为我国PPP项目的长远发展建言献策。

1.2 工程概况

1.2.1 区域概况

小浪底北岸灌区工程位于河南省黄河北岸，其所在区域（沁蟒区）北部和东部以沁河为界，南以黄河为界，西至豫晋交界，地理位置为东经112° 08′ ~113° 38′，北纬34° 49′ ~35° 15′，区域总面积3 391 km^2（小浪底北岸灌区占所在区域总面积的18.6%），其中主要为丘陵区、平原区，包括济源市近95%的区域，焦作市的孟州市、温县的全部，约1/2的沁阳市和近1/6的武陟县。小浪底北岸灌区工程地理位置见图1.1。

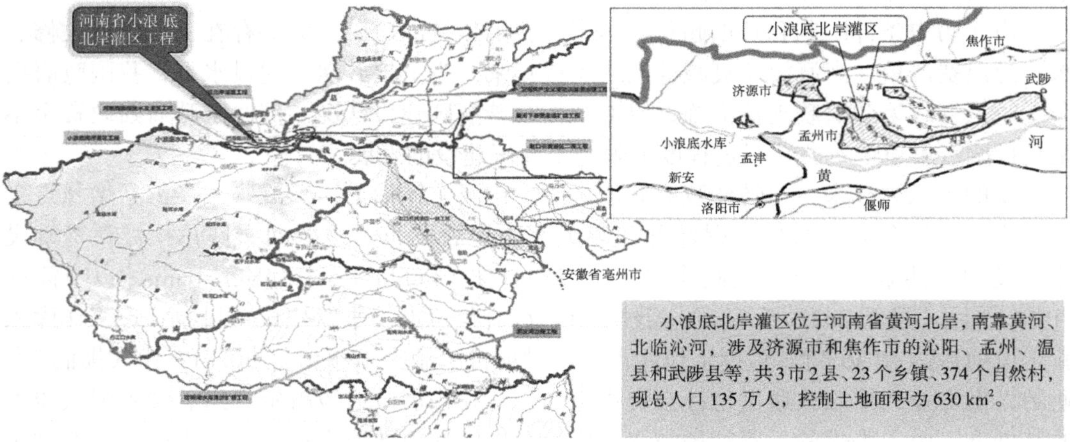

图1.1 小浪底北岸灌区工程地理位置

1.2.1.1 自然地理概况

济源市位于河南省西北部，黄河北岸，邻接山西省。北依太行，西距王屋，南临十三朝古都洛阳，东接太极故里焦作，1997年升为省直管市，2005年升格为省辖市，是中原经济区充满活力的新兴中心城市。区域内济源市域面积为1 926 km^2，其中山区、丘陵区面积约占济源市总面积的88%，是一座新兴的工业旅游城市。济源市地处河南省西北部太行山南麓，属暖温带大陆性季风气候，四季分明，气候温和。年平均气温13.8 ℃，日照1 728 h，年降水量为860 mm。

沁阳市位于河南省西北部，北依沁河，南临孟州市和温县，西接济源市；沁阳市直属河南省，由焦作市代管，地理位置为东经112° 40′ ~113° 00′，北纬35° 05′ ~35° 15′。区域内沁阳市总面积为318 km^2。本区属暖温带大陆性季风气候，四季分明，年平均气温 14.3 ℃，春季干旱，夏季炎热，秋季晴和，冬季寒冷。沁阳市是河南省城镇化建设重点市、对外开放重点市和首批 35 个扩权（县）市之一。

孟州市位于焦作市的西南隅，北和沁阳市、济源市毗邻而遥望太行山，东以猪龙河为基本分界与温县隔河相望，南以黄河为界。地理坐标为东经 112° 33′ ~112° 55′，北纬 34° 50′ ~35° 02′，东西最长处 33 km，南北最宽处 25.75 km，全市总面积 542 km^2。区域内孟州市系太行山前丘陵向华北平原过渡地区，地势由西北向东南倾斜，海拔高度 305.9~108.5 m，境内由西向东有明显的低山—丘陵—平原的过渡特征，是华北平原的西部边陲，属暖温带大陆性季风气候，四季分明，年平均气温 14.2 ℃，春季干旱风沙多，夏季炎热雨水频，秋季晴和日照长，冬季寒冷雨雪少。

温县南临黄河，隶属焦作市，位于孟州市、沁阳市、武陟县中间，地理位置为东经 112° 50′ ~113° 10′，北纬 34° 48′ ~35° 05′。温县光照充足，土地肥沃，总面积 462 km^2，是全国闻名的“武术之乡”“四大怀药之乡”之一和优质小麦种子基地。

武陟县位于温县东部，东部及北部为沁河、南部为黄河，属焦作市。地理位置为东经 113° 10′ ~113° 38′，北纬 34° 53′ ~35° 10′，区域内武陟县总面积为 143 km^2。属暖温带大陆性季风气候，年平均气温 14.4 ℃，年降水量 570 mm，无霜期 211 d。

1.2.1.2　经济社会概况

小浪底北岸灌区工程所在区域近年来经济社会发展快速而稳定，尤其是区域内济源市经济社会发展尤为突出。截至 2022 底，本区域总人口 256.58 万人，完成社会生产总值 1 929 亿元，人均生产总值 7.52 万元。该区域是河南省粮食生产核心区的重要组成部分。

济源市全域面积1 931 km^2，下辖3个省级开发区、11个镇、5个街道办事处、525个村（社区）。截至2022年底，总人口72.9万人，生产总值完成806.22亿元，比上年增长4.4%；规模以上工业增加值比上年增长6.5%；固定资产投资比上年增长13.1%；外贸进出口总值达300.8亿元，居全省第二；一般公共预算收入完成66.8亿元，比上年增长13%，居全省第四，其中税收占比69.5%，居全省第五；市场主体突破10万户，创历史新高。第一产业增加值26.35亿元，比上年增长4.0%；第二产业增加值491.18亿元，比上年增长5.6%；第三产业增加值288.69亿元，比上年增长2.4%。三次产业结构为3.3 : 60.9 : 35.8。人均生产总值110 517元，比上年增长4.3%。

沁阳市位于河南省西北部，西同济源接壤，北与晋城交界，地形北山南川，总面积 623.5 km^2，下辖 13 个乡镇（街道）、339 个村（社区），户籍人口 49.14 万人，常住人口 44.78 万人，城镇化率 63.85%。1989 年撤县建市，曾是“十八罗汉闹中原”之一，现被列为全省 25 个优化开发县（市）之一，连续 4 年入围中国工业百强县。

孟州市地处河南省西北部，是“唐宋八大家”之首韩愈的故里，总面积 541.6 km^2，总人口 40 万人，下辖 4 个街道、6 个镇、1 个乡。

温县地处豫北平原西部，因古时境内有温泉而得名，是世界太极圣地，是太极拳的发源地，总面积为 481.3 km^2，下辖 7 个乡（镇）、4 个街道、262 个行政村，总人口 46.8 万人，素有“古国、古都、帝乡”之美誉。

武陟县位于河南省西北部，县域面积 805 km^2，下辖 6 个镇、5 个乡、4 个街道、347 个行政村，总人口 74 万人。武陟古称怀县，是汉代河内郡郡治所在地，“四大怀药”

的“怀”就来源于此。武陟因武王伐纣途经此地，登高望远，会盟诸侯而得名，“陟”是登高、兴起之意。2022年地区生产总值327.9亿元、比上年增长3.8%，固定资产投资89.5亿元、比上年增长13.6%，规模以上工业增加值51.8亿元、比上年增长7.4%，一般公共预算收入16.4亿元、比上年增长6.2%，新增贷款余额比上年增长19.6%。

1.2.1.3 资源概况

小浪底北岸灌区工程所在区域内资源丰富，矿产资源品种较多、储量较大、质量较好，经过普查的矿产资源有40余种，占河南省已发现矿种的25%，探明储量的有煤炭、石灰石、铝矾土、耐火黏土、硫铁矿等20多种，如焦作辖区的优质无烟煤（化工和钢铁工业的理想原料）、沁阳一线的耐火黏土（生产陶瓷、耐火材料的优质原料）和铁矿，此外区域内还有铜、铁、石英、大理石、铝、锌、磷等矿产资源。

区域内动植物资源也比较丰富，有猕猴、豹、狍、香獐、狐、青羊等野生动物190多种，其中属国家保护珍稀动物的有20多种。本区域还属华北植物落叶植被区主要分布区，有木本植物143科875种，草本植物69科469种，属国家保护的珍稀树种有红豆杉、连香树、山白树、银杏、杜仲、青檀等。

本区域总面积3 391 km^2，其中近50%的区域为山区，目前耕地面积为192.08万亩，主要粮食作物有小麦、玉米、水稻，主要经济作物有花生、棉花、蚕豆、怀药等。平原区未利用土地面积212 km^2，具有开发潜力。

1.2.1.4 周边灌区分布情况

小浪底北岸灌区所在区域周边共分布3个灌区，其中2个已建灌区（广利灌区和引沁灌区），1个在建灌区（西霞院灌区），均为大型灌区。加上小浪底北岸灌区，4个灌区占地面积1 914 km^2，耕地面积186.3万亩，现状年有效灌溉面积97.23万亩［其中纯井灌20.36万亩，渠灌76.87万亩（含井渠结合）］，保灌面积75.26万亩。

1. 广利灌区

广利灌区位于河南省西北部，是引用沁河水自流灌溉的著名古老灌区，秦代初创，汉魏始盛，唐宋光大，明清发展，当代改造，至今已有2 200余年灌溉史。1949年以来，特别是1959—1962年，国家对灌区古渠系进行了大规模改造和配套，形成了目前的多渠首无坝引水、一灌一排、灌排相间的工程布局，是一个集引、灌、补、提、排相结合的大型水利工程。包括济源市，焦作市沁阳市、温县、武陟县的16个乡（镇）、439个行政村，人口50余万人，耕地面积61.82万亩。渠首位于河南省济源市五龙口镇沁河出山口处，为多渠首无坝自流引水，总设计引水流量28.0 m^3/s。灌区设计灌溉面积51万亩，其中补源面积20万亩。目前，灌区已发展为集自流灌、提灌、渠井双灌、以灌代补、防洪除涝于一体的综合性大型灌区，是河南省主要的粮食生产核心区之一，灌区有效渠道灌溉面积26万亩。

2. 引沁灌区

引沁灌区位于小浪底北岸灌区西部，北起太行山，南跨北邙岭，是沁河自晋入豫的第一座大型山岭灌区。包括济源市、孟州市和洛阳市吉利区15个乡（镇）、367个行政村，总人口60余万人，耕地面积58万亩，设计灌溉面积40万亩。1965年，济源、孟州人民为改变生存状况，全民动员，在极端困难的条件下，开始建设引沁灌区这一伟大工程，

1969 年 6 月全线通水，彻底解决了济孟山岭区严重缺水的难题。

灌区以沁河为水源地，有总干渠 1 条，设计流量 30 m^3/s，渠首位于沁河峡谷济源市克井镇紫柏滩，渠尾止于孟州市槐树口，全长 102 km，共有建筑物 626 座，其中隧洞 52 座、渡槽 8 座、明拱 8 座、涵洞 86 座、土坝 19 座、排洪槽 61 座、节制闸 24 座、退水闸 28 座、分水闸 33 座；有干渠 15 条，加支渠 16 条，中小型调蓄水库 37 座，蓄水池 200 余座，提灌站 156 座，机井 1 676 座，水电站 2 座，渠系工程长达 2 000 余 km。灌区经过初创、扩建、配套、加固改善和节水改造，已形成一个“引蓄提相结合、以蓄补源、长藤结瓜、综合利用”的水利工程体系。

经过 50 余年的运行，引沁灌区已由单一的农业灌溉发展为具备农村安全饮水、农业灌溉、工业供水、水力发电、养殖供水、生态供水和城市供水等多方位的供水功能的格局，成为支撑区域经济社会可持续发展的重要基础设施，产生了显著的经济效益、社会效益和生态效益。

3. 西霞院灌区

西霞院灌区地处焦作市温县、孟州、武陟黄河滩区段，位于小浪底北岸灌区南部，为一狭长区域，区域总面积 284.4 km^2。目前西霞院灌区全部依赖地下水灌溉，该灌区适耕土地面积 33.4 万亩，开发利用的耕地中有效灌溉面积 12.38 万亩，其中保灌面积 10.30 万亩。

1.2.1.5 区域水资源开发、利用存在的问题

1. 水资源短缺，各业用水紧张，水资源供需矛盾突出

济源市和焦作市的沁阳市、孟州市、温县、武陟县等 5 个县（市）属于资源型和工程性缺水区域，全区域多年平均当地水资源总量为 4.82 亿 m^3（含重复利用量），其中地表水资源量为 1.76 亿 m^3，地下水资源量为 3.06 亿 m^3，人均水资源占有量为 234 m^3，亩均水资源占有量为 229 m^3，分别是河南全省人均和亩均水资源量的 57.4% 和 56.1%。人均占有水资源量不足全国平均水平的 1/6、世界平均水平的 1/10，远远低于国际公认的人均 1 000 m^3 的水资源紧缺标准，耕地亩均水资源量不足全国平均亩均水资源量的 1/7，按国际公认的人均 500 m^3 为严重缺水边缘标准，本区域属于严重缺水地区。

据调查，现状年该区域用水总量为 6.31 亿 m^3，其中大生活用水[❶] 1.15 亿 m^3，工业用水 2.44 亿 m^3，农业灌溉用水 2.72 亿 m^3；水源包括当地地表水、浅层地下水、中深层地下水及沁河水，其中开采浅层地下水 3.3 亿 m^3、中深层地下水 1.45 亿 m^3，利用沁河水 1.38 亿 m^3。该区域需水量大于供水量，处于缺水状态，综合缺水率为 8.6%；其中已建灌区范围以内（广利灌区和引沁灌区）供需水量基本平衡，现状缺水率不超过 6.5%；已建灌区范围以外区域普遍缺水很明显，现状缺水率已超过了 11.5%，若不增加新的供水水源，按目前的供水能力，预测该区域 2030 年供需缺口将达到 44.6%，各业用水紧张问题将更加突出。

2. 水利工程短板问题突出，抵御自然灾害能力弱

所在区域山区和平原区约各占一半，山区地势复杂，平原区地形平坦，土壤、光热

❶ 指人类日常生活所需用的水。包括城镇生活用水和农村生活用水。城镇生活用水由居民用水和公共用水（含服务业、餐饮业、货运邮电业及建筑业等用水）组成，农村生活用水除居民生活用水外还包括牲畜用水。

气候等自然环境条件适合农作物生长，具备一定的水资源条件和实施灌排工程建设的基础条件，但是缺乏完整的工程体系，现状农业供水保证率仅 29.5%。由于缺乏有效的水利工程，此区域农作物产量持续低迷，抵抗自然灾害的能力低，旱灾是该区域最为频发、危害也最大的灾害。

3. 地下水超采严重，河流生态环境用水严重不足，区域水生态环境恶劣

由于该区域当地地表水资源匮乏，除已建灌区范围主要依赖外引沁河水，其他区域生活生产主要以开发利用浅层地下水为主，并开发利用一定量的中深层地下水，其开采量约占地下水总开采量的 14.6%。目前浅层地下水超采，超采率约 11.6%，温县和孟州现已出现大片的地下水漏斗区，最大漏斗区面积约 79 km^2，漏斗最深处地下水埋深达到了 44 m，地下水超采造成了地下水生态环境日益恶化。

区域内的大小河流河道内生态环境用水量严重不足，老蟒河、济河、猪龙河、蚰蜒河等河流基本无自然基流，老蟒河生态流量无法得到保障且明显不足，其他较小河流常年处于断流和干涸状态。水量不足使得河流供水等功能无法有效发挥，纳污量超出河流自净能力，一方面破坏了水环境，另一方面也造成了水生态的不断退化，严重影响了区域生态文明建设。

1.2.2 项目建设内容

小浪底北岸灌区工程涉及河南省济源示范区和焦作市的沁阳市、孟州市、温县、武陟县 5 个县（市），引水水源为小浪底水库，属大（2）型灌区，设计灌溉面积 51.7 万亩，补源面积 20 万亩，多年平均引黄水量 2.39 亿 m^3。

工程自小浪底水库左岸灌溉进水塔取水，分两期实施，小浪底北岸灌区工程总体布置见图 1.2。

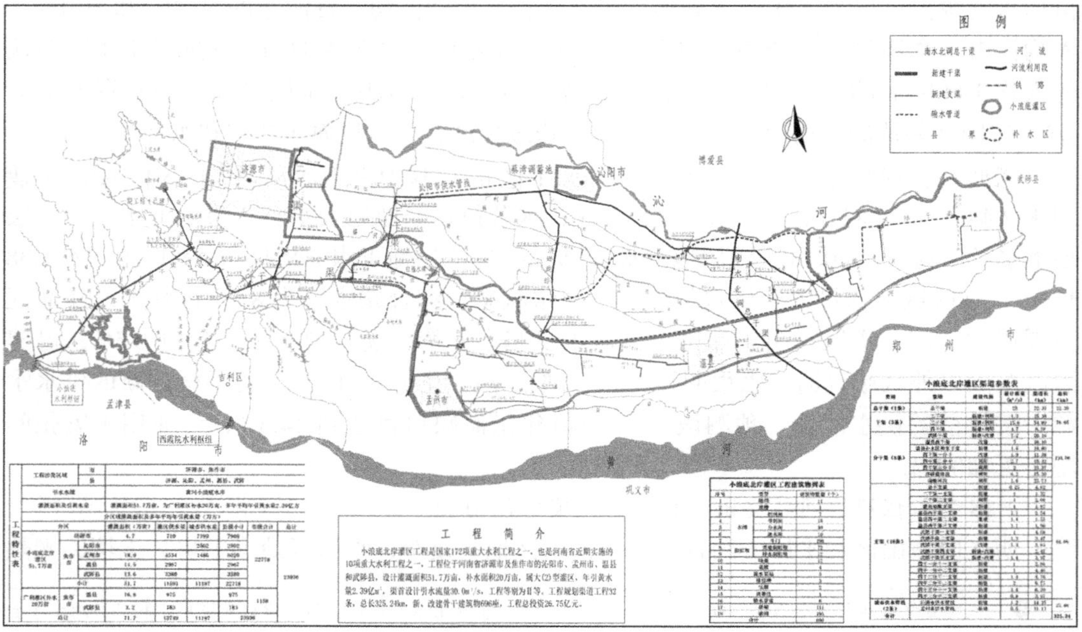

图 1.2　小浪底北岸灌区工程总体布置

1.2.2.1 一期工程

一期工程主要建设内容包括：

（1）总干渠工程。总干渠桩号 0+865.71~18+782.82，绕过西沟水库、小浪底水库建管处，然后大致沿东北方向，依次经满泉沟、吴家岭、杨楼岭、碾盘凹、牛王庙、枣园河、碱水泉、石门凹、卫佛安、张庄、余庄到聂庄东北一干渠分水口。由隧洞、暗渠、明渠、渡槽、倒虹吸等组成，全长 17 917.11 m。渠段内共设 12 段隧洞，总长 15 138.07 m；6 段流槽，总长 399.47 m；17 段暗渠，总长 1 054.57 m；15 座建筑物，其中 5 座渡槽、2 座倒虹吸、2 座过水涵洞、1 座控制闸、总干渠 1 号枢纽闸（节制闸 1 座、退水闸 1 座），大沟河分水闸 1 座、总干渠 2 号枢纽闸（节制闸 1 座、一干渠进水闸 1 座）。

（2）一干渠工程。一干渠进水闸位于上泽峪村南（总干渠桩号 18+782.82），渠线走向自东南向西北止于下南姚水库，全长 3 056.57 m。渠道起始设计水位 202.58 m，终点设计水位 200.18 m，水头差 2.39 m。一干渠上设 2 条隧洞，总长 815 m；7 段暗渠，总长 1 199.57 m；1 段流槽，长 95 m；明渠长 660 m；3 座建筑物，其中倒虹吸 2 座、桥梁 1 座。

1.2.2.2 二期工程

二期工程主要建设内容包括：

（1）渠道工程。新建、续建、改造32条渠道，总长325.24 km。1条总干渠，长 22.39 km；3条干渠，分别为二干渠至四干渠，长78.65 km；8条分干渠，分别为武陟干渠、温县西干渠及东干渠、四干一分干至三分干、济蟒截排及蚰蜒河，共6条渠道、2条河道，总长134.06 km；18条支渠，总长64.66 km；2条城市供水管线，分别为沁阳市供水管线、孟州市供水管线，总长25.48 km。

（2）建筑物工程。新建、改建建筑物 696 座，其中，拦河闸 7 座、节制闸 18 座、退水闸 10 座、分水闸 30 座、斗门 196 座、隧洞 11 段、暗渠 12 段、渡槽 1 座、陡坡 4 座、渠道倒虹吸 72 座、排水倒虹吸 12 座、提水泵站 5 座、橡胶坝 3 座、低堰 2 座、输水管道 6 段、调蓄池 1 座、桥梁 111 座、涵洞 195 座。

1.2.3 项目建设的必要性

1.2.3.1 支撑河南省粮食生产、保障国家粮食安全战略

1. 改善区域水资源条件，提高灌区供水保证率和抗旱能力

小浪底北岸灌区位于河南省西北部，属严重干旱缺水地区，水资源匮乏且时空分布不均。灌区多年平均降水量为 547 mm，降水量少且分布不均，雨量大都集中在汛期，汛期降水量占全年降水量的 59%，其中汛期第二个月降水量就占全年的 35% 左右。

小浪底北岸灌区耕地面积 57.36 万亩，现状年有效灌溉面积仅 20.95 万亩（其中纯井灌 17.85 万亩，井渠结合灌溉 3.1 万亩），保灌面积仅占耕地面积的 19.3%（11.06 万亩）。灌区现状未灌溉面积所占比例达 63.4%，大多依赖于降水，缺水严重。因缺乏有效的水利工程体系，目前年供水保证率仅 12.0%。据统计，灌区现状年总供水量为 12 288 万 m^3，在现状供给水量情况下，灌区供需水量不平衡，缺水率约 28.3%。剔除供水量中的不合理开采部分，即开采利用的中深层地下水和超采的浅层地下水，对应缺水率 48.1%。

本地水资源的匮乏，加之外引水源工程的严重缺乏，导致灌区抵御自然灾害的能力

极低。

小浪底北岸灌区工程的建设将形成内连外通、旱引涝排、上灌下补的供水网络体系，充分发挥黄河这条最大过境河流对河南粮食核心生产区建设的支撑作用，有利于用足、用好黄河水。新水源的引入，将大大改善小浪底北岸灌区生活、生产用水和农业灌溉条件，为灌区粮食产量的提高、农民和乡镇居民收入的增加及灌区经济社会的发展打下坚实的工程基础。北岸灌区工程建成后，可解决灌区生活、生产用水紧张问题，新增灌溉面积30.75万亩，改善灌溉面积9.89万亩。

2. 提高粮食综合生产能力，保障国家粮食安全

粮食是关系国计民生的重要商品，是关系经济发展、社会稳定和国家自立的基础，保障国家粮食安全始终是治国安邦的头等大事。随着城镇化、工业化进程的加快，水土资源、气候等制约因素致使粮食持续增产的难度加大；生物燃料发展，全球粮食消费增加，国际市场粮源偏紧，粮价波动加剧，利用国际市场调剂余缺的空间越来越小。为此，必须坚持立足国内实现粮食基本自给的方针，着力提高粮食综合生产能力，确保国家粮食安全。

河南省是全国人口大省、农业大省、粮食生产大省。建设河南粮食生产核心区是国家粮食战略工程的重要组成部分，其粮食增产任务为155亿斤，占国家1 000亿斤粮食生产目标的15.5%。小浪底北岸灌区地处焦作、济源等市，其涉及的孟州市、沁阳市、温县和武陟县被列入全国新增1 000亿斤粮食生产能力建设核心区，2020年粮食增产任务为2.17亿斤，占河南省增产任务的1.4%，占全国粮食增产任务的0.22%。从保障国家及河南粮食安全的角度来看，本项目建设是非常必要的。

小浪底北岸灌区要增强灌区综合经济实力并切实做到改善民生，为实现河南省分配的粮食增产任务作出贡献，打好工程基础是关键。因此，小浪底北岸灌区工程的建设是发展现代化农业，是响应国家粮食安全中长期规划建设目标和任务的重要举措，并对加快河南省粮食生产核心区建设，提高粮食综合生产能力，保障国家粮食安全等方面具有积极的意义。

1.2.3.2 支撑中原城市群建设、促进区域经济社会发展

1. 提升城市水资源保障能力和安全水平，强化水利对区域发展战略支撑

小浪底北岸灌区工程涉及济源示范区和焦作市的沁阳市、孟州市、温县、武陟县4个县（市），位于中原经济区“米”字发展轴的太原—郑州—合肥发展轴上，交通区位优越、产业基础较好、城镇体系完整、自然禀赋优良，是中原城市群和中原经济区的核心发展区域。当前，区域水资源短缺且时空分布严重不均的自然条件和外引水源不够、水利工程不足的短板已成为制约区域经济高质量发展的突出瓶颈。

由于城区供水主要水源单一，虽建有一定量的水库可作为调蓄工程和应急水源储备（分布于济源市和孟州市，沁阳市、武陟县和温县无调蓄工程），但因水源匮乏，水库常年处于空库状态，水库仅充当城区的防洪工程。遇旱年，城市生活、生产用水得不到保障，供水保证率为34%，仅为设计保证率的36%。缺水是限制城区经济发展的主要制约因素，并且随着经济社会的发展，缺水带来的问题将越发凸显。

因此，利用南部黄河干流水源，依托小浪底北岸灌区工程给济源市、沁阳市和孟州

市的城区供水线路是合理、可行、可靠解决城区缺水问题的途径。即通过小浪底北岸灌区工程，给济源市、孟州市和沁阳市引入新的黄河干流水源，这不仅是提高城区供水保障能力和安全水平的根本途径，也是推动城区经济社会快速稳定发展的基础条件。

2. 促进灌区社会经济发展，加快实现乡村居民生活富裕

所在区域农业生产基本仍以传统农业为主，主要种植作物中，粮食作物有小麦和玉米，经济作物有棉花和油料。长期以来，水资源短缺和农田水利基础设施的匮乏是制约乡村经济社会发展的主要因素。由于供水不足，区域内各业产出和人均收入均较低。

小浪底北岸灌区因水资源重度短缺造成发展水平低、产业融合程度低及收入水平低等问题，解决了小浪底北岸灌区因缺水导致的“三低”问题，就解决了所在区域的大部分问题。因此，小浪底北岸灌区工程的建设，对所在区域乡村经济社会发展具有巨大的推动作用。

1.2.3.3 改善区域水生态环境、建设生态文明

1. 促进地下水超采综合治理，改善地下水生态环境

由于小浪底北岸灌区可利用的地表水资源匮乏，农田灌溉、工业用水和城乡居民生活用水长期依靠机井抽取地下水。目前项目所在区域浅层地下水超采总量为 1 306 万 m^3，超采率为 17.8%；其中灌区浅层地下水超采总量为 887 万 m^3，超采率为 15.2%；城区浅层地下水超采量为 419 万 m^3，超采率为 27.2%；开发利用中深层地下水量 9 976 万 m^3，其中灌区开发利用 3 007 万 m^3，城区开发利用 6 969 万 m^3。

区域生产生活用水对地下水的过度依赖，导致地下水连年超采，地下水位大幅下降使灌区内机井越打越多、越打越深、水泵流量越来越小。大范围超采地下水还带来了地下水污染、土壤沙化等一系列生态问题。近年来，由于地下水位大幅下降，污染的地表水向下渗漏有加快之势。同时，地下水位下降后，土壤沙化趋势加重，一些地区还出现了地面裂缝、建筑物倾斜、地面积水、道路沉陷等一系列生态环境问题。

本项目将为该区域注入新的水源，可置换超采的浅层地下水，替代开发利用的中深地下水，不仅能解决区域用水紧张问题，还能逐步遏制浅层地下水的超采和中深层地下水的开发利用，使地下水环境逐渐得到改善，推动区域生态环境走向良性循环。

2. 退还被挤占的河道生态环境用水，为流域生态建设奠定基础

受区域水资源自然条件限制，再加之区域外引水源不够、水量不足和水工程不多的短板，项目区域生产生活用水在大量超采地下水的同时，也在过度开发利用当地地表水。

小浪底北岸灌区工程既可利用非灌溉期引水和灌溉期退水，相机对区域内河流生态补水，增加外引水源，又能通过河道拦蓄设施充分利用当地雨洪资源，从而退还被工农业生产挤占的河道生态环境用水，尤其是非汛期河道内用水，真正让水活起来、让生态好起来、让环境美起来。

1.2.3.4 充分发挥治黄工程综合效益、构建豫北蟒沁河流域骨干水网

1. 充分发挥小浪底水库枢纽综合效益

小浪底水利枢纽工程是治理黄河的关键水利工程，属国家“八五”重点项目，工程于 1997 年截流，2001 年底竣工。小浪底工程开发的目标是以防洪、防凌、减淤为主，

兼顾供水、灌溉和发电等。

小浪底北岸灌区工程是小浪底水利枢纽的配套工程，小浪底北岸灌区灌溉塔进口处的218.01 m北岸灌溉洞属国际工程标，已随小浪底水库主体工程完工。灌溉洞桩号之后的610.57 m标准洞也于2009年11月通过竣工技术预验收，这为项目的引水创造了有利条件。小浪底北岸灌区位于小浪底水利枢纽下游的黄河左岸支流沁河与黄河干流汇流三角区，有耕地57.36万亩，该区域地形平坦，气候温和，土质良好，适宜于各类农作物生长，是河南省及全国的重要粮食生产基地。

小浪底水利枢纽已建成运行多年，在调水调沙、防洪减淤、供水发电等方面发挥了巨大效益，配套建设小浪底北岸灌区工程可充分发挥小浪底水利枢纽的综合利用效益。

2. 构建豫北蟒沁河流域骨干大水网，完善和优化区域水资源配置体系

区域地处豫西北，为河南省水资源禀赋较差的地区，资源型、工程性缺水普遍，尤其是工程性缺水问题突出，已成为影响区域经济社会发展的重大制约因素。

黄河是河南省最大的过境河流，小浪底北岸灌区工程建设可形成旱引涝排、内连外通、上灌下补的灌排设施体系，连通区域内蟒河、蟒改河、济河、蚰蜒河等骨干河道，构建区域水网、形成区域水循环，有利于用足、用好黄河水，这事关长远发展，事关战略全局。

多年以来，水利工程未覆盖区域，供水保证率低，工农业生产发展受缺水因素影响严重，且区域地表水源均为蟒沁河水，多元供水格局难以形成，区域供水协同发展滞后，难以形成互连互通的水利工程网络和互济互补的供水安全保障体系，从而导致区域整体发展后劲不足。

通过小浪底北岸灌区工程向区域内的城市和灌区供水，形成完善的灌排体系，沟通区域内主要河流蟒河、济河等和现有骨干输水通道广利干渠等，再配合区域河道拦、蓄、提等水利工程的建设以及充分利用已建水库——曲阳水库、玉阳湖水库、大沟河水库、白墙水库等水库的调蓄功能，在充分开发利用当地水资源的同时，构建完善的黄河、沁河南北调配，小浪底北岸灌区、引沁灌区和广利灌区等骨干输水脉络东西互连的区域水资源优化配置网络和供水安全保障体系，可彻底摆脱黄河沿岸群众“住在黄河边没水用、守着黄河水没水喝”的处境，生活、生产用水长期依赖地下水的困境，实现水资源的可持续利用和区域经济社会的可持续发展。

1.2.4 PPP模式建设缘由

1.2.4.1 水利工程常见的运营管理模式

水利工程现有运营管理模式主要有政府委托水利单位运营管理、社会资本自管自营、政府和社会资本合作（PPP）等方式。

1. 政府委托水利单位运营管理

该模式是传统水利运营模式，工程投资主要依靠政府投资，参与的管理方主要为省、市、县级及基层水利行政主管部门及独立的维修养护公司，工程主要是公益性项目或准公益性项目，财务效益不显著。

2. 社会资本自管自营

该模式是指社会资本投资运营的水利项目，该类项目一般是经政府批准或备案后社会资本进行投资建设管理，工程运行后独立核算价格，运行后有稳定的收益，经济效益好，承担的社会风险高。

3. 政府和社会资本合作（PPP）

PPP 项目是指以提高公共基础设施的建设供给效率为目的，以分享利益和分担风险为主要特征的政府与社会资本合作模式，对减轻政府财政压力、满足建设资金需求有着重要意义，能有效化解公共基础设施建设资金压力较大等问题。PPP 模式是社会资本承担设计、建设、运营和维护基础设施的大部分工作，通过“使用者付费”及必要的“政府付费”来获得合理的投资收益。在此过程中，政府部门主要负责对设施及公共服务价格与质量进行监管，保证公共利益最大化。同时，PPP 模式还强调在政府与社会资本方之间合理分配项目风险，以达到有效控制风险的目标。

根据财政部发布的《政府和社会资本合作模式操作指南》（财金〔2014〕113 号），PPP 项目的运作方式涵盖了多种模式，具体包括：

（1）委托运营（O&M）。社会资本方受政府委托，对已建成的设施进行运营和维护。

（2）管理合同（MC）。社会资本方负责提供管理服务，不涉及设施的投资和建设。

（3）建设—运营—移交（BOT）。社会资本方负责设施的投资、建设和运营，并在合同期满后移交给政府。

（4）建设—拥有—运营（BOO）。社会资本方负责设施的投资、建设和运营，并长期拥有该设施。

（5）转让—运营—移交（TOT）。政府将已建成的设施转让给社会资本方进行运营，并在合同期满后收回。

（6）改建—运营—移交（ROT）。社会资本方负责在现有设施的基础上进行改建、运营，并在合同期满后移交给政府。

（7）租赁—运营—移交（LOT）。政府将设施租赁给社会资本方进行运营和维护，并在合同期满后收回。

水利工程运营管理模式对比分析见表 1.1。

1.2.4.2 运营管理模式优劣势对比分析

从水利工程前期建设资金来源，融资成本的高低，后期运营管理维护及承担风险等多方面对运营管理模式进行优劣势对比。

1. 政府委托水利单位运营管理

政府委托水利单位运营管理模式是传统水利工程的运营管理模式。水利工程多是综合性水利工程，具有多种工程任务，一般兼有公益性。

此运营模式的优点是资金来源有保障，投资收益要求低，工程运行成本低；缺点是资金利用率低，后期投入不足，运营效率低，政府管理法制不健全，行政干预较多等。

2. 社会资本自管自营

社会资本自管自营模式的优点是国家鼓励社会资本引进，充分利用民办企业先进的技术和管理经验；提高公共服务质量。缺点是自负盈亏，承担的风险大、融资成本高。

表 1.1　水利工程运营管理模式对比

运营管理模式	机构设置	资金来源	投资收益	风险程度
政府委托水利单位运营管理	由政府设立或指定的水利单位负责运营	财政资金	收益相对稳定，但可能较低	风险较低，政府承担主要责任
社会资本自管自营	社会资本自主设立运营机构，负责项目的建设和运营	社会资本自筹资金，可能包括银行贷款、债券等	收益高，但受市场波动和政策影响较大	风险高，社会资本承担全部责任
政府和社会资本合作（PPP）	政府与社会资本共同设立项目公司，负责项目的建设和运营	政府和社会资本共同出资，可能包括政府补贴、社会资本投资、银行贷款等	收益较高，政府和社会资本共享收益	风险共担，政府和社会资本根据合同约定分担风险

此外，社会资本具有逐利性和不稳定性，与公益性目标背离。

3. 政府和社会资本合作（PPP）

PPP 模式的优点是调动社会资本，盘活自有资金，缓解政府压力；厘清政府和市场边界，更好地履行公共职能；充分利用民办企业的先进技术和管理经验；合理分配风险，降低社会融资的难度。缺点是长期合同缺乏灵活性；缺乏健全的法律体系保障融资，融资成本高；准入竞争不充分。

水利工程运营管理模式优劣势对比见表 1.2。

在选择运营管理模式时，应根据具体的工程特点、预期效益、风险承受能力等因素综合考虑。对于经济效益较好、能够产生稳定现金流的工程，PPP 模式可能是一个较好的选择，因为它能够吸引社会资本参与，同时也能分散风险。而对于经济效益特别明显的工程，可以考虑吸引社会资本投资，采取社会资本自管自营的管理模式，以利用其先进的技术和管理经验，提高公共服务质量。

1.2.4.3　小浪底北岸灌区工程特点与优势

小浪底北岸灌区工程对完善全省水资源网络配置，优化豫北水资源配置格局，构建黄河北岸清水走廊，满足灌区农业灌溉及城乡生活与工业用水需求，改善区域水生态环境，增强农业生产能力，增加农民收入起到至关重要的作用。该工程具有以下特点：

（1）构建黄河北岸清水走廊。该灌区多年平均引黄河水量 2.39 亿 m^3，可与西霞院水利枢纽输水及灌区工程共同连通豫北骨干水网，提升区域水资源配置能力。

（2）可利用非灌溉期引水和灌渠退水，具备为蟒河、蟒改河、济河、蚰蜒河等 9 条河道生态补水 5.12 亿 m^3 的能力，改善区域水生态环境，为流域生态治理奠定基础。

（3）减少地下水开采。年可置换浅层地下水开采 3 465 万 m^3，减少中深层地下水开采 1.11 亿 m^3，补源 1 158 万 m^3。

表 1.2　水利工程运营管理模式优劣势对比

运营管理模式	优势	劣势
政府委托水利单位运营管理	1. 资金来源有保障； 2. 投资收益要求低，工程运行成本低	1. 资金利用率低，后期投入不足； 2. 运营效率低； 3. 政府管理法制不健全，行政干预较多
社会资本自管自营	1. 充分利用民办企业先进的技术和管理经验； 2. 提高公共服务质量； 3. 国家政策鼓励	1. 自负盈亏，承担的风险大； 2. 融资成本高； 3. 社会资本具有逐利性和不稳定性，与公益性目标背离
政府和社会资本合作（PPP）	1. 调动社会资本，盘活自有资金，缓解政府压力； 2. 厘清政府和市场边界，更好地履行公共职能； 3. 充分利用民办企业的先进技术和管理经验； 4. 合理分配风险，降低社会融资的难度	1. 长期合同缺乏灵活性； 2. 缺乏健全的法律体系保障融资，融资成本高； 3. 准入竞争不充分

（4）发展灌溉面积 51.7 万亩，补源面积 20 万亩。

（5）每年为济源市、沁阳市和孟州市城区提供工业和生活用水 1.12 亿 m^3，大大改善了区域用水紧缺局面，这一项也是本项目重要的经营性收益点。

作为供水项目，小浪底北岸灌区工程与其他项目相比，主要优势在于：

（1）在农业灌溉供水的基础上，兼具工业和生活供水功能，与传统引水灌溉项目相比，收益来源更多。

（2）项目供水对象为下游供水系统（如水库、水厂等），按照前期设定，项目由下游供水系统（如水库、水厂等）与项目公司签订供水协议并统一结算，收益稳定可靠。

1.2.4.4　小浪底北岸灌区工程采用 PPP 模式的必要性和可行性

PPP 模式是指政府与社会资本之间，为了提供公共基础设施和公共服务而建立的“合作共赢、利益共享、风险共担”的合作机制。小浪底北岸灌区工程是河南省实施的 10 项重大水利工程之一，项目的建设对构建黄河北岸清水走廊，改善区域水生态环境，增加粮食生产能力具有重要的意义。该项目作为“投资规模较大、需求长期稳定”的水利基础设施，属于适宜采用政府和社会资本合作模式的项目，采用 PPP 模式建设符合国家政策精神和河南省委、省政府的战略部署。小浪底北岸灌区工程采用的“建设—运营—移交”（BOT）PPP 模式，是该工程成功实施的关键因素之一。这种模式不仅有利于缓解财政压力、降低政府债务风险，而且有利于拓宽融资渠道，提高基础设施资源的经济效益和社会效益。通过 PPP 模式的实施，可以确保项目的长期稳定运行，同时为社会资本提供合理的投资回报，实现政府与社会资本的双赢。

本项目采用 PPP 模式的必要性具体阐述如下：

（1）有利于拓宽融资渠道，缓解财政压力，转变政府职能。

根据《关于鼓励和引导社会资本参与重大水利工程建设运营的实施意见》（发改农经〔2015〕488号）的规定：盘活现有重大水利工程国有资产，选择一批工程通过股权出让、委托运营、整合改制等方式，吸引社会资本参与，筹得的资金用于新工程建设。对新建项目，要建立健全政府和社会资本合作（PPP）机制，鼓励社会资本以特许经营、参股控股等多种形式参与重大水利工程建设运营。其中，综合水利枢纽、大城市供排水管网的建设经营需按规定由中方控股。对公益性较强、没有直接收益的河湖堤防整治等水利工程建设项目，可通过与经营性较强项目组合开发、按流域统一规划实施等方式，吸引社会资本参与。

随着小浪底北岸的济源市、沁阳市和孟州市等城市的迅速发展和人民生活水平的提高，对水资源的需求也在不断增加。小浪底北岸灌区工程PPP项目是改善小浪底沿岸居民生产生活环境的重大工程，项目投资体量较大，若采用政府传统采购模式，政府将面临较大资金和还款压力；而通过采用PPP模式，引入社会资本，政府在合作经营年限内对社会资本给予一定的缺口补助，缓解资金缺口，有效减轻财政负担，激发民间投资活力，加快推进基础设施和公共服务项目建设，政府对本项目也能够起到良好的监管作用，有利于转变政府职能，实现政府、社会资本、社会公众的共赢。

（2）有利于降低全生命周期成本，提高建设项目运营效率。

小浪底北岸灌区工程通过引入社会资本，负责项目整体的设计、投资、建设和运营，不再追求单个阶段成本最小化，而是通过资源的有效配置、风险的合理分配，采用市场化运作方式，争取获得全生命周期最低成本，实现物有所值，这对在提高财政资金效率的基础上加快新型城镇化生态环保建设有比较重要的意义。同时，由于捆绑了建设和经营，并以服务和产出付费，使得社会资本方能够发挥最大的能动性，通过创新、自我施压等减少项目成本超支。在风险管理上的合理分配和良好的合作机制也使得项目失败的概率大大降低，避免了公共资源的浪费。与传统政府委托水利单位运营管理相比，有利于降低全生命周期成本，提高建设项目运营效率。

（3）有利于降低项目总体风险。

《国务院关于创新重点领域投融资机制鼓励社会投资的指导意见》（国发〔2014〕60号）、《国家发展改革委关于开展政府和社会资本合作的指导意见》（发改投资〔2014〕2724）等文件提出，政府和社会资本合作模式下，按照风险收益对等原则，在政府和社会资本方之间合理分配项目风险。小浪底北岸灌区工程采用PPP模式后，社会资本方将主要承担项目投资、融资、建设、运营等风险，最大程度地减少了项目的市场化运营风险；政府方从保护和促进公共利益的立场出发，负责项目的总体策划，理顺各参与机构之间的权限和关系，为项目防范风险提供了有力保障。

（4）有利于取长补短，发挥社会资本经营优势。

小浪底北岸灌区工程包括基础工程建设、设备及安装工程等及其附属配套设施的建设和运营，项目较复杂，通过PPP模式引入社会资本的先进理念、建设技术及市场运营管理模式，以此拓宽视野、统筹规划，推进项目的高规格建设，全面提升沿黄市县的灌溉、供水水平。同时可以使政府方专注于做好项目的监督管理工作，通过设定针对性的绩效考核体系，可以更好地鼓励社会资本在项目建设和运营工作中发挥其资源和管理经验上的优势。

（5）有利于降低地方政府的债务风险。

通过采用 PPP 模式，一方面 PPP 项目对于项目投资的风险收益完全自担，政府对项目的投资规模在初期就得以明确，政府的财政支出透明，同时，社会资本方的进入可以加快项目的建设进程和提高投资效率，改善项目的经营和管理水平，进而激励地方政府的支出与收益匹配，财政软约束消除，地方债务朝着规范化方向发展；另一方面，社会资本方参与项目，有利于减轻地方政府投资支出压力。

本项目采用 PPP 模式的可行性具体阐述如下：

（1）法律政策有保障。

国家发展和改革委员会、财政部全面推广和规范 PPP 模式，推进 PPP 立法工作，现已形成具有中国特色的 PPP 模式的法律体系，主要包括：2014 年 9 月 21 日，国务院发布的《国务院关于加强地方政府性债务管理的意见》（国发〔2014〕43 号）；2014 年 9 月 23 日，财政部发布的《关于推广运用政府和社会资本合作模式有关问题的通知》（财金〔2014〕76 号），2014 年 11 月 29 日印发的《政府和社会资本合作模式操作指南（试行）》（财金〔2014〕113 号）。2016 年 10 月 12 日，财政部发布《关于在公共服务领域深入推进政府和社会资本合作工作的通知》（财金〔2016〕90 号）旨在加大 PPP 模式的推广应用力度；10 月 20 日发布的《政府和社会资本合作项目财政管理暂行办法》（财金〔2016〕92 号），进一步规范了 PPP 项目的操作流程。

小浪底北岸灌区工程采用 PPP 模式实施符合财政部《关于规范政府和社会资本合作（PPP）综合信息平台项目库管理的通知》（财办金〔2017〕92 号）和财政部《关于规范金融企业对地方政府和国有企业投融资行为有关问题的通知》（财金〔2018〕23 号）的政策要求。

小浪底北岸灌区工程属于水利建设领域灌溉类项目，根据国务院《关于创新重点领域投融资机制鼓励社会投资的指导意见》（国发〔2014〕60 号），要培育农业、水利工程多元化投资主体，鼓励社会资本以特许经营、参股控股等多种形式参与具有一定收益的节水供水重大水利工程建设运营。同时，社会资本投资建设或运营管理的农田水利、水土保持设施和节水供水重大水利工程，与国有、集体投资项目享有同等政策待遇，并可以依法获取供水水费等经营收益。对于承担公益性任务的项目，政府还将给予适当的工程建设投资、维修养护和管护经费补助，并落实相关优惠政策。小浪底北岸灌区工程据此可享受到多项鼓励社会资本投资运营农业和水利工程的政策措施。

此外，财政部《政府和社会资本合作模式操作指南（试行）》（财金〔2014〕113 号）第六条也明确指出，投资规模较大、需求长期稳定、价格调整机制灵活、市场化程度较高的基础设施及公共服务类项目，适宜采用政府和社会资本合作模式。这一规定为小浪底北岸灌区工程采用 PPP 模式提供了更为明确的政策依据。

（2）融资政策有支持。

2014 年起，财政部和国家发展和改革委员会不断加强对政府和社会资本合作的融资支持政策：①修订现行的专项资金管理办法，将 PPP 项目纳入支持范围；②鼓励金融机构创新融资管理方式和融资产品，更好地匹配 PPP 项目需求；③建立 PPP 项目投融资交流机制；④设立 PPP 项目中央支持基金。

金融机构积极响应国家政策，对于 PPP 项目运作给予融资支持，例如国家发展和改革委员会联合国家开发银行印发了《关于推进开发性金融支持政府和社会资本合作有关工作的通知》，提出由国家开发银行对 PPP 项目提供利率优惠，最长可达 30 年贷款期限等方面的差异化信贷政策；财政部联合国内 10 大金融机构共同发起设立中国政府和社会资本合作融资支持基金，基金总规模 1 800 亿元。以上措施对创新财政金融支持方式、优化 PPP 项目融资环境、促进 PPP 模式发展具有积极意义。

（3）水利工程有鼓励。

《国家发展改革委关于开展政府和社会资本合作的指导意见》（发改投资〔2014〕2724 号）提出 PPP 模式主要适用于政府负有提供责任又适宜市场化运作的公共服务、基础设施类项目，包括水利工程建设等。国务院办公厅转发财政部、发展改革委、人民银行《关于在公共服务领域推广政府和社会资本合作模式指导意见的通知》（国办发〔2015〕42 号）第十二条，“广泛采用政府和社会资本合作模式提供公共服务。在能源、交通运输、水利、环境保护、农业、林业、科技、保障性安居工程、医疗、卫生、养老、教育、文化等公共服务领域，鼓励采用政府和社会资本合作模式，吸引社会资本参与。其中，在能源、交通运输、水利、环境保护、市政工程等特定领域需要实施特许经营的，按《基础设施和公用事业特许经营管理办法》执行”，明确将水利作为 PPP 模式的适用 13 个公共服务领域之一。

为进一步鼓励和引导社会资本参与重大水利工程建设运营，水利部、财政部、国家发展和改革委员会联合发布的《关于鼓励和引导社会资本参与重大水利工程建设运营的实施意见》（发改农经〔2015〕488 号），以及国家和发展改革委员会的《关于切实做好传统基础设施领域政府和社会资本合作有关工作的通知》（发改投资〔2016〕1744 号，七大基础设施领域），具体规定了水利领域适用 PPP 模式的项目类型，包括但不限于引调水工程、水生态治理工程、供水工程、江河湖泊治理工程、灌区工程、农业节水工程、水土保持等。

此外，《国务院办公厅关于保持基础设施领域补短板力度的指导意见》（国办发〔2018〕101 号）也提出，要推进引江济淮等重大水利、灌溉工程创新投融资机制，鼓励采用 PPP 等市场化方式开展后续融资，进一步体现了国家对水利工程采用 PPP 模式的支持与鼓励。

（4）项目成熟，具有实践可行性。

①政策成熟。小浪底北岸灌区工程为涉及民生生产的基础设施建设，属于国家鼓励社会资本方进入公共服务领域。我国在通过 PPP 模式带动公共服务和经济的发展方面，出台了大量的鼓励指导意见，并颁布了项目具体操作实施的指南性文件，如中华人民共和国财政部的《政府和社会资本方合作模式操作指南（试行）》（财金〔2014〕113 号）、《国家发展和改革委关于开展政府和社会资本方合作的指导意见》（发改投资〔2014〕2724 号）等，政策成熟度高，项目实施有保障。

②市场成熟。我国公共服务领域已有大量的水利建设项目实践案例，经过多年的市

场化运作，潜在社会资本方均积累了较为丰富的项目运作经验与比较优势，使项目具备了一定的市场化运作基础。

小浪底北岸灌区工程为民生项目，需求量稳定，社会资本方可以得到合理且稳定的利润，盈利但不暴利。同时，项目的建设对社会资本方具有一定的经济效益和良好的社会效益。

③项目成熟。小浪底北岸灌区工程是国务院第 48 次常务会议确定的 172 项节水供水重大工程之一，也是河南省重大水利工程之一。工程采用 PPP 模式，将部分政府责任以经营权、使用权授予的方式转移给社会资本，政府与社会资本建立起“利益共享、风险共担、全程合作”的共同体关系，政府的财政负担减轻，社会资本的投资风险减少。

项目前期做了大量调研和考察工作，整理汇总了大量的现场和后期研究所需数据，包括项目所在地的交通、气候、地质、环境等，为社会资本参与本项目时的方案分析、财务分析及决策分析提供了数据基础，为项目后期建设及运营提供了必要的数据支持，为社会资本的参与提供了便利。

综上分析，本项目采用 PPP 模式不仅是必要的，而且具有很强的可行性。

1.3　PPP 项目构建框架与实施历程

1.3.1　PPP 项目构建框架

小浪底北岸灌区工程是国务院第 48 次常务会议确定的 172 项节水供水重大水利工程之一，工程纳入了《全国新增 1 000 亿斤粮食生产能力规划》和《河南粮食生产核心区建设规划（2008—2020 年）》，是河南省实施“四水同治”首批推进的十大重点水利工程之一。为了缓解政府财政压力，充分发挥投资效益，转变政府职能，小浪底北岸灌区工程采用 PPP 模式进行建设和管理，是河南省采用 PPP 模式实施的第一批省管水利项目之一。

1.3.1.1　项目交易结构

河南省人民政府授权河南省海河流域水利事务中心（原河南省豫北水利工程管理局）作为项目实施机构，负责项目组织实施和各项具体工作的安排，通过法定程序选择符合条件的社会资本方。

依据《中华人民共和国政府采购法》《政府采购货物和服务招标投标管理办法》（财政部令第 87 号）及财政部关于印发《政府和社会资本合作项目政府采购管理办法》的通知（财库〔2014〕215 号）等要求，河南省海河流域水利事务中心作为采购人通过公开招标的采购方式选择社会资本方。河南水利投资集团有限公司（牵头人）、河南省水利第一工程局（成员）、河南省水利第二工程局（成员）组成联合体成为本项目的中标资本方。

河南省海河流域水利事务中心作为实施机构先与河南水利投资集团有限公司、河南省水利第一工程局、河南省水利第二工程局组成的联合体签署 PPP 项目合同，详细约定了双方的权利与义务。之后按照 PPP 模式运作要求，成立了河南水投小浪底北岸灌区工程有限公司（项目公司），采取的股权比例为：社会资本方占股为100%，政府方不占股。随后河南省海河流域水利事务中心与项目公司签署了关于PPP项目合同的承继合同。项目具体交易结构见图1.3。

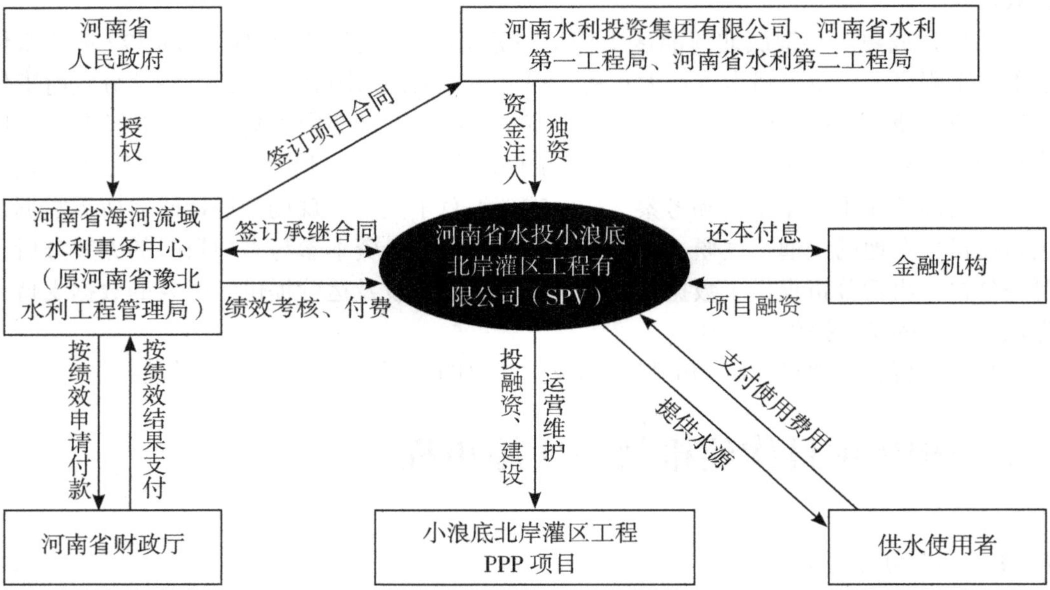

图1.3 项目具体交易结构

项目采用BOT（建设—运营—移交）模式，由项目公司负责项目的投融资、建设、运营等工作。项目公司在合作期内通过可行性缺口补助的回报机制，回收其投融资成本、运营成本支出并实现合理回报。在项目合作期满后，项目公司将所有项目资产的经营权完好无偿移交给实施机构或河南省人民政府指定的其他机构。

1.3.1.2 项目投资构成

项目在PPP模式下总投资34.7亿元，包括一期工程济源市建设部分初步设计批复总投资4.94亿元和二期工程总投资29.13亿元。投资构成具体如下：中央投资补助资金6.7亿元、省级投资补助资金7.74亿元、社会资本方出资4.25亿元、融资16亿元。项目公司中社会资本占股100%，政府方不占股。

项目合作年限为33年，其中一期工程建设期为1年，运营维护期为32年；二期工程建设期为3年，运营维护期为30年。

1.3.1.3 项目回报机制

小浪底北岸灌区PPP项目主要收入源于生活供水及农业灌溉供水，由于农业灌溉供水主要为公益性供水，收费较低，项目公司收益水平较低。秉承着PPP风险共担、利益共享的原则，由省政府在项目公司前期达产率不足时对本项目提供可行性缺口补助，缺口补助年限为9年；后期运营收益较高时政府不再参与收益分配。

1.3.2 实施历程

小浪底北岸灌区项目立项与建设历程如下：

（1）1999 年，河南省结合黄河流域规划和区域水土资源条件，对小浪底北岸灌区进行了规划，编制完成了《小浪底北岸灌区规划报告》（未审批）。

（2）2008 年，为响应中央“实施粮食战略工程，集中力量建设一批基础条件好、生产水平高和调出量大的粮食核心产区”的号召，加快河南省粮食生产核心区建设，提高粮食综合生产能力，河南省委、省政府重新提出实施小浪底北岸灌区工程。

（3）2014 年 5 月，国务院常务会议将小浪底北岸灌区工程纳入 172 项节水供水重大水利工程。

（4）2015 年 3 月，水利部批复了《小浪底北岸灌区工程规划》（水规计〔2015〕97 号文）。

（5）2018 年 12 月，河南省发展和改革委员会批复了《小浪底北岸灌区工程可行性研究报告》（豫发改农经〔2018〕1075 号文）。

（6）2019 年 4 月，河南省水利厅印发《河南省水利厅关于引江济淮（河南段）、小浪底北岸灌区工程 PPP 项目实施机构的通知》（豫水计〔2019〕13 号），授权河南省海河流域水利事务中心作为项目的实施机构，分别负责 PPP 项目的实施方案编制、社会资本方选择、项目合同签订、项目组织实施和合作期满移交等法定工作。

（7）2019 年 4 月，河南省人民政府批复了《小浪底北岸灌区工程 PPP 项目实施方案》（豫政文〔2019〕55 号文）。

（8）2019 年 5 月，河南省发展和改革委员会批复了《小浪底北岸灌区工程初步设计》（豫发改设计〔2019〕282 号文）。

（9）2019 年 7 月，河南省海河流域水利事务中心与乙方（联合体）河南水利投资集团有限公司（牵头人）、河南省水利第一工程局（成员）、河南省水利第二工程局（成员）签订了《小浪底北岸灌区工程 PPP 项目政府和社会资本合作（PPP）项目合同》（简称《PPP 项目合同》）。

（10）2019 年 7 月，河南水投小浪底北岸灌区工程有限公司（丙方）成立。

（11）2019 年 8 月，甲方河南省海河流域水利事务中心与乙方（联合体）河南水利投资集团有限公司（牵头人）、河南省水利第一工程局（成员）、河南省水利第二工程局（成员）和丙方河南水投小浪底北岸灌区工程有限公司签订了《小浪底北岸灌区工程 PPP 项目政府和社会资本合作（PPP）项目承继合同》，由丙方承继乙方在《PPP 项目合同》中的权利和义务。

（12）2019 年 9 月，小浪底北岸灌区工程在先行用地范围内开工建设。

（13）2020 年 9 月，小浪底北岸灌区工程全面开工建设。

（14）2021 年 7 月，总干渠首条 2 号隧洞贯通。

（15）2023 年 6 月，小浪底北岸灌区工程 11 条隧洞全部贯通。

（16）2023 年 12 月，小浪底北岸灌区工程实现全线通水。

1.4 本章小结

本章在介绍小浪底北岸灌区工程概况的基础上，通过对比运营管理模式优劣，结合工程特点与优势，提出了小浪底北岸灌区工程采用 PPP 模式的必要性和可行性，并全面介绍了 PPP 项目构建框架和实施历程。

第 2 章　风险识别及风险分配研究

2.1　绪　论

2014 年以来，在国家发展和改革委员会与财政部等部门的支持下，PPP 模式在基础设施建设领域得到了广泛应用。随着大量 PPP 项目进入运营期，项目前期工作、建设阶段、运营和移交环节诸多风险事项逐渐显现。2022 年 11 月，财政部印发的《关于进一步推动政府和社会资本合作（PPP）规范发展、阳光运行的通知》（财金〔2022〕119 号），进一步规范了 PPP 项目入库及运作要求，降低了项目的实施风险。

对于 PPP 模式的设施建设项目而言，由于项目持续时间较传统建设项目长、总投资规模较传统建设项目大、投融资主体结构较传统建设项目复杂、项目的主体参与者较传统建设项目多，使其所遇到的管理方面的困难也较一般建设项目多。鉴于风险因素的不确定性，通过风险管理的提前介入，可以在项目启动之初就考虑可能出现的风险，并采取适当的措施来减少或规避风险的影响。这样可以避免在项目进行过程中因为突发风险而导致项目停滞、成本增加、进度延误、质量下降等问题的发生。因此，在项目实施中，做好项目风险管理，是项目成败的关键所在，也是项目管理的重要基石。

本章旨在研究小浪底北岸灌区 PPP 项目在项目全生命周期的风险管理措施，结合定性与定量的方法，对风险识别的概念与方法、风险分配的原则与流程进行研究，识别项目风险，然后据此制定了相应的风险管理对策，并在此基础上提出了小浪底北岸灌区 PPP 项目风险管控措施。

2.2　风险相关知识

2.2.1　风险概念及其特征

风险是指在某一特定环境下，在某一特定时间段内，某种损失发生的可能性。换句话说，是指在某一个特定时间段里，人们所期望达到的目标与实际出现的结果之间产生的距离。

风险的特征主要包括风险存在的客观性、风险存在的普遍性、风险损失发生的不确定性、风险发生的可测性和风险的可变性。

2.2.1.1 风险存在的客观性

风险是客观存在的，是不以人的意志为转移的。人们只能在一定的范围内改变风险形成和发展的条件，降低风险事故发生的概率，减少损失程度，但不能彻底消除风险。

2.2.1.2 风险存在的普遍性

风险在人们生产生活中普遍存在，并威胁着人类的生命和财产安全，随着人类社会的不断前进和发展，人类将面临更多新的风险，风险事故造成的损失也可能越来越大。

2.2.1.3 风险损失发生的不确定性

风险是客观的、普遍的，但就某一具体风险损失而言，其发生是不确定的，是一种随机现象。

2.2.1.4 风险发生的可测性

虽然单一风险的发生具有不确定性，但对总体风险而言，风险事故的发生是可测的，即运用概率论和大数法则对总体风险事故的发生可以进行统计分析，以研究风险的规律性。

2.2.1.5 风险的可变性

风险的变化，有量的增减，有质的改变，还有旧风险的消失和新风险的产生。风险因素的变化主要是由科技进步、经济体制与结构的转变、政治与社会结构的改变等方面的变化引起的。

2.2.2 风险识别

2.2.2.1 风险识别的概念

风险识别是指对现实或潜在的问题进行鉴别的过程，风险识别是风险管理的第一步，只有准确识别出即将要发生的风险，才能采取有效的措施进行处理及防控。风险识别是一项涵盖项目全生命周期、持续不断的工作。其工作内容主要有以下两个方面：一方面是找出项目中存在的风险因素；另一方面是通过已知的风险因素找出其可能引起的风险，并确定引起风险的主要因素。

2.2.2.2 风险识别的方法

1. 德尔菲法

德尔菲法又称专家调查法，它起源于20世纪40年代末期，由美国的兰德公司（Rand Corporation）首先使用，很快就在全球盛行起来，目前此法已经在经济、社会、工程技术等领域广泛应用。德尔菲法是依据系统程序，采用匿名发表意见的方式，即团队成员之间不得互相讨论，不发生横向联系，只能与调查人员交流，反复地用填写问卷的方式，来集结问卷填写人的共识及收集各方意见，从而用来构造团队沟通流程，主要依靠专家的直观能力对风险进行识别，在某一程度上达到统一意见。德尔菲法利用专家的智慧和经验来预测“可能出现的结果”，这对于项目的风险识别、判断风险可能产生的后果有很大帮助。

2. 头脑风暴法

头脑风暴法也称集体思考法，它是借助于专家的经验，通过会议，集思广益来获取信息的一种直观的预测和识别方法，是最常用的风险识别方法。此方法由美国人奥斯本于 1939 年首创，从 20 世纪 50 年代起就得到了广泛应用。头脑风暴法是在解决问题时常用的一种方法，具体来说就是团队的全体成员自发地提出主张和想法。团队成员在选择问题的方案之前，一定要得出尽可能多的方案和意见。利用头脑风暴法可以得出许多想法，能产生热情的、富有创造性的、更好的方案。这种方法要求会议的领导者要善于发挥专家和分析人员的创造性思维，通过与会专家的相互交流和启发，达到相互补充和激发的效果，使预测的结果更加准确。其注重的是得到想法方案的数量，而不是质量。这样做的目的是使团队拥有尽可能多的想法、方案，鼓励成员有新奇或突破常规的想法、方案。

3. 情景分析法

情景分析法，也称为情景规划或情景预测法，是一种前瞻性假设分析的风险评估工具。该方法实际上是一种假设分析方法，通过运用有关定量数据、图表和曲线等工具，对项目未来的某个状态或某种情况进行详细的描绘和分析，从而识别引起项目风险的关键因素及其影响程度。它注重说明某些事件出现风险的条件和因素，并且要说明当某些因素发生变化时，又会出现什么样的风险，产生什么样的后果等。它是由荷兰皇家壳牌石油公司（Royal Dutch Shell）的 Pierre Wack 于 1971 年提出的，并被广泛应用于战略规划和风险管理中。该方法能够帮助决策者更好地理解不确定性，制定灵活的应对策略，从而提高项目适应未来变化的能力。

4. 文献研究法

文献研究法是通过收集、整理、分析有关数据和相关文献资料，找出相关风险因素的方法，收集的文献资料可以是相关的统计、文献资料、以前的项目文件、专家的研究报告等。文献研究法的优点在于操作简单、成本低廉，能够快速地获取相关的信息。

2.3　风险因素识别与分析

小浪底北岸灌区 PPP 项目风险是指采用 PPP 模式下整个项目全生命周期可能出现的各种不确定因素，对项目不同阶段产生的干扰，从而导致的不良后果。在项目的全生命周期中，风险的类型和程度可能会发生变化，例如在建设前期，风险大多为融资之类的风险；在运营期，风险大多为经营管理风险、收益风险等；政策和法律风险则贯穿于整个项目的全生命周期。

本书采用了文献研究法与德尔菲法相结合的方法，建立风险核对表进行风险识别。通过文献研究法，查阅相关文献内容，获取相关知识，对项目的整个全生命周期中的风险进行了分解，再用这些信息制作风险识别表。通过德尔菲法，经过两轮问卷专家组达成一致的结果，结合项目具体相关情况，得出了小浪底北岸灌区工程 PPP 项目风险清单。参考传统基础设施类的风险，结合 PPP 项目的特点，把小浪底北岸灌区工程 PPP 项目风险因素分为法律、政策风险，设计风险，建设风险，运营风险，移交风险，宏观经济风险，不可抗力风险及其他风险 8 大类。项目风险清单见表 2.1。

通过分析各个风险指标，对具体的风险因素进行了详细分析，主要有以下几个方面。

表 2.1　项目风险清单

<table>
<tr><th>风险分类</th><th colspan="3">风险细分</th></tr>
<tr><td rowspan="5">法律、政策风险</td><td colspan="3">政府许可冗长</td></tr>
<tr><td colspan="3">政府审批延误</td></tr>
<tr><td rowspan="2">法律 / 政策变更风险</td><td colspan="2">本级政府可控</td></tr>
<tr><td colspan="2">本级政府不可控</td></tr>
<tr><td colspan="3">合同变更</td></tr>
<tr><td rowspan="3">设计风险</td><td colspan="3">技术等级选择不当 / 设计质量缺陷</td></tr>
<tr><td rowspan="2">设计变更的缺陷</td><td colspan="2">政府方导致</td></tr>
<tr><td colspan="2">社会资本方或项目公司导致</td></tr>
<tr><td rowspan="20">建设风险</td><td colspan="3">开发许可 / 批准</td></tr>
<tr><td colspan="3">调整规划</td></tr>
<tr><td rowspan="2">征地拆迁</td><td colspan="2">政府方导致</td></tr>
<tr><td colspan="2">项目公司导致</td></tr>
<tr><td colspan="3">施工质量</td></tr>
<tr><td colspan="3">施工安全</td></tr>
<tr><td rowspan="3">施工成本超支</td><td colspan="2">主材料价格上涨</td></tr>
<tr><td rowspan="2">工程变更等</td><td>政府方导致</td></tr>
<tr><td>项目公司导致</td></tr>
<tr><td colspan="3">缺陷与隐蔽缺陷</td></tr>
<tr><td colspan="3">考古文物保护</td></tr>
<tr><td colspan="3">施工技术</td></tr>
<tr><td rowspan="3">工期延误风险</td><td colspan="2">政府方导致</td></tr>
<tr><td colspan="2">社会资本方或项目公司导致</td></tr>
<tr><td colspan="2">不可抗力导致</td></tr>
<tr><td colspan="3">分包商违约</td></tr>
<tr><td colspan="3">供应风险</td></tr>
<tr><td colspan="3">组织协调风险</td></tr>
<tr><td colspan="3">第三方责任</td></tr>
<tr><td colspan="3">投融资风险</td></tr>
</table>

续表 2.1

<table>
<tr><th>风险分类</th><th colspan="3">风险细分</th></tr>
<tr><td rowspan="19">运营风险</td><td colspan="3">试运营风险</td></tr>
<tr><td colspan="3">运维成本超支</td></tr>
<tr><td colspan="3">经营管理</td></tr>
<tr><td colspan="3">服务质量不达标</td></tr>
<tr><td colspan="3">运营商违约 / 提前终止</td></tr>
<tr><td colspan="3">收益风险</td></tr>
<tr><td rowspan="4">最低水量风险</td><td rowspan="2">供水量不足</td><td>政府方导致</td></tr>
<tr><td>社会资本方导致</td></tr>
<tr><td rowspan="2">需求水量不足</td><td>政府方引起</td></tr>
<tr><td>项目公司引起</td></tr>
<tr><td colspan="3">水价降低风险</td></tr>
<tr><td rowspan="2">水质风险</td><td colspan="2">进口水质风险</td></tr>
<tr><td colspan="2">口门水质风险</td></tr>
<tr><td colspan="3">上级补贴资金不到位</td></tr>
<tr><td rowspan="3">设施维护状况风险</td><td colspan="2">移交前设施状况</td></tr>
<tr><td colspan="2">移交后设施状况（缺陷责任期内）</td></tr>
<tr><td colspan="2">移交后设施状况（缺陷责任期外）</td></tr>
<tr><td colspan="3">安全风险</td></tr>
<tr><td colspan="3">第三方人身安全风险</td></tr>
<tr><td rowspan="4">移交风险</td><td colspan="3">移交设施性能不达标</td></tr>
<tr><td colspan="3">移交时存在质量缺陷</td></tr>
<tr><td rowspan="2">移交资产评估耗时过长</td><td colspan="2">政府方导致</td></tr>
<tr><td colspan="2">社会资本方导致</td></tr>
<tr><td rowspan="4">宏观经济风险</td><td colspan="3">税费调整</td></tr>
<tr><td colspan="3">通货膨胀</td></tr>
<tr><td rowspan="2">基准利率变化</td><td colspan="2">上浮 5% 以内（含 5%）</td></tr>
<tr><td colspan="2">超过 5% 的部分</td></tr>
<tr><td rowspan="2">不可抗力风险</td><td colspan="3">自然因素导致的不可抗力风险</td></tr>
<tr><td colspan="3">非自然因素导致的不可抗力风险</td></tr>
<tr><td rowspan="2">其他风险</td><td colspan="3">社会资本方变动风险</td></tr>
<tr><td colspan="3">获得项目相关保险</td></tr>
</table>

2.3.1 法律、政策风险

首先，政府对项目的一些干预可能产生一定的风险。就本项目来讲，可能涉及政府的许可、批准或其他同意事项不能及时得到、不能落实或持续等。

其次，本项目的建设和运营维护均需要遵守法律法规，由于项目合作期较长，其间存在法律、政策变动的可能。法律、政策变动可能会导致项目建设、运维成本发生较大变化。例如，国家出台强制标准，提高项目安全防护要求，将会导致项目投资增加并提高维护成本。当风险发生时主要通过双方协商，进行动态的合同体系调整，可通过签订补充协议的形式进行此类风险的管理和规避。

本项目中本级政府可控的法律、政策风险应当由政府承担；本级政府不可控的法律、政策风险视为不可抗力，由政府和社会资本方合理共担。

2.3.2 设计风险

项目的设计风险主要是技术标准选择不当和设计质量缺陷等风险。具体到本项目，首先是技术标准能否满足运行需求，在项目设计使用期限内，如果选择的技术等级过高，会造成投资浪费；如果选择的技术等级过低，则会造成运营维护难度加大，影响使用功能和寿命。其次是设计质量能否满足相应的技术规范。如果设计文件存在缺陷，则会影响项目使用寿命，甚至发生危及生命财产的安全事故。因设计变更或设计缺陷导致的风险由相应责任单位承担。

2.3.3 建设风险

建设风险主要涉及项目建设施工过程中可能出现的对项目实施及合同履约造成负面影响的事件。就本项目来讲，建设风险可能涉及开发许可或批准、规划调整、征地拆迁、施工质量、施工安全、施工成本超支、缺陷与隐蔽缺陷、考古文物保护、施工技术、工期延误（单项事件工期延误时间少于 15 d 时，不触发工期延误风险机制）、分包商违约、供应风险、组织协调风险、第三方责任、投融资风险等。

2.3.3.1 成本超支风险

施工成本超支风险主要包括主材料价格上涨风险、工程变更风险等。

1. 工程主要材料价格调整

工程主要材料价格调整参照《河南省水利厅关于水利建设项目建筑材料价格调整问题的处理意见》（豫水建〔2010〕62 号），如本项目主要材料价格易发生浮动变化（材料价格涨降风险幅度为 $r\%$）按以下方式处理：①主要材料价格变化幅度 $|r| \leqslant 5$ 时，超过（或不足）部分材料费用由项目公司自行承担；②变化幅度 $|r| > 5$ 时，超过部分费用由甲乙双方以 50%和 50%的比例分担，由甲方承担的部分计入项目全部建设成本，适用全部建设成本的认定规则，采用可行性缺口补助公式计算。

2. 工程变更

在确保工程质量、进度以及安全前提和确保设备质量和适用性的条件下，项目公司应优化建设施工方案和设备采购方案，严格规范工程变更签证程序，合理控制工程造价和设备采购成本。因政府方造成的成本超支，在经政府方认可后，纳入项目总投资；因社会资本方或项目公司造成的成本超支不纳入项目总投资，责任由社会资本方和项目公司承担；非双方可控的原因引起的，由双方合理共担。

2.3.3.2　工期延误风险

在 PPP 项目中，施工工期延误风险是建设风险的一个重要组成部分，它可能导致项目成本增加、收益延迟等问题。工期延误风险包括项目审批风险、施工管理风险、材料和设备供应风险等。如对于政府每年在固定时间段实施的“封土行动”，作为一个有经验的社会资本方应该预见该风险，并做出合理的施工组织安排。项目公司应该在施工组织设计中考虑常规的封土行动，合理安排施工，因常规封土行动导致的工期延误，政府不顺延工期。如果因优良天气天数不达标，政府采取的临时管制措施的封土行动，由此导致的相关风险，考虑到双方都没有过错，属于政策不可抗力，由双方合理共担。

2.3.3.3　征地拆迁风险

按照《国务院关于修改〈大中型水利水电工程建设征地补偿和移民安置条例〉的决定》（国务院令第 679 号）的相关规定，在项目实施过程中，由项目公司作为项目法人负责下列事项：①组织编制征地拆迁安置规划；②与济源市、焦作市人民政府签订征地拆迁安置协议；③定期向与其签订征地拆迁安置协议的地方人民政府提出下一年度征地拆迁安置计划建议；④将征地拆迁安置补偿资金支付给与其签订征地拆迁安置协议的地方人民政府；⑤与签订征地拆迁安置协议的地方人民政府共同委托征地拆迁安置监督评估单位；⑥项目公司承担征地拆迁安置规划编制、征地补偿协议签订和资金支付不及时、征地拆迁安置计划上报不及时等相应的风险。

2.3.4　运营风险

运营风险主要涉及项目运营期内可能出现的对运营维护及相关合同履约造成负面影响的事件。就本项目来讲，运营风险可能涉及试运营质量风险、运营成本超支、经营管理、服务质量不达标、运营商违约或提前终止、收益风险、水量水质风险、水价降低风险、上级补贴资金不到位风险、设施维护状况风险、安全风险、第三方人身安全风险等。

2.3.4.1　水量水质风险

社会资本方应在本项目取水口及分水口处设置水量计量及水质监测装置，对本项目的水量、水质情况进行监督检查管理；计量及监测装置的型号、规格及技术指标应当符合有关计量、监测装置的法律法规规定，并在得到法定计量监测、装置机构颁发的使用许可证后方可投入使用。

1. 水量变动风险

在本项目运营过程中，因需求量变化导致水量与方案预测水量不一致时，水量波动幅度在 ±10% 以内（含 10%）的，由社会资本方承担；水量波动幅度超过 ±10% 的，超过的部分由政府方承担，根据可行性缺口补助计算公式调整补贴。

2. 水质风险

在本项目运营过程中，因上游来水水质不达标导致的水质风险，该风险由政府方承担；因社会资本方运营维护造成水质不达标的，该风险由社会资本方承担。

2.3.4.2 水价变动风险

在本项目运营过程中，因政府定价变动与方案预测水价不一致，水价波动幅度在±5%以内（含5%）的，由社会资本方承担；水价波动幅度超过±5%的，对超过的部分，由政府方承担，根据可行性缺口补助计算公式调整补贴。

2.3.5 移交风险

项目合作期结束时，项目资产必须达到设备移交标准，不存在质量缺陷或经证明由于项目公司合作期对设施运营不善所造成的瑕疵等，主要包括移交设施性能不达标、移交时存在质量缺陷、移交资产评估耗时过长（资产移交耗时 1 年内，不触发资产移交耗时过长机制）等，主要由社会资本方以移交维修履约保函担保的形式承担该风险。

2.3.6 宏观经济风险

项目运营期限较长，在运营期间会出现税费调整、通货膨胀、基准利率变化等宏观经济风险，宏观经济风险主要由政府和社会资本方共担。

2.3.7 不可抗力风险

不可抗力风险通常分为两类：

（1）自然因素导致的不可抗力风险，是指由不能合理预见的自然灾害（如地震、台风等）、病疫等事件导致项目失败或收益大幅度减少。

（2）非自然因素导致的不可抗力风险，是指由不能合理预见的暴乱、罢工、政策变更等事件发生导致项目失败或收益大幅度减少。该风险应当由政府和社会资本方合理共担。

2.3.8 其他风险

其他风险包括社会资本方变动风险、获得项目相关保险等，也应当由政府和社会资本方合理共担。

2.4 风险分配

2.4.1 风险分配原则

政府和社会资本风险共担是 PPP 项目模式的特色和优势，风险如何有效分配是关乎项目成败的关键问题，在项目实施过程中应遵循一定的风险分配原则。根据相关文件和本项目特点，本项目风险分配遵循风险分配优化、公平、归责、风险收益对等和风险可控原则等，同时应综合考虑风险管理能力、项目回报机制和市场风险管理能力等要素，在政府方（河南省海河流域水利事务中心）和社会资本方［河南水利投资集团有限公司（牵头人）、河南省水利第一工程局（成员）、河南省水利第二工程局（成员）］之间合理分配项目风险。

2.4.1.1　风险分配优化原则

PPP 项目风险分配的目的不仅仅是政府方单方面的风险转移与分配，更应该是协调好政府方与社会资本方双方面的合理分配，实现双方风险分配最优化。风险分配最优化可以保证风险的划分与各参与方的合理分配，避免政府方或者社会资本方单一的某部分承担了不必要的风险。该原则可将部分风险转移或分配给对风险最有控制力的一方承担，保证资源的合理最优化使用。

2.4.1.2　公平原则

公平原则是合同法的基本原则，贯穿于合同法的全部内容，以保证合同内容本身及因合同而产生的法律后果全面公正。PPP 项目的风险分担主要通过合同的方式进行分配，因此在风险分担时应体现公平原则。公平原则主要体现在：既强调合同条款中对于风险权利义务的均衡，也强调合同所派生的风险权利义务的均衡；既关注合同主体由于风险事件引起的收益，同时也关注合同主体面临的风险损失。

2.4.1.3　归责原则

“归责”是指依据某种事实状态确定责任的归属，解决责任承担问题。归责原则决定着违约责任的构成要件、举证责任的内容、免责事由，以及损害赔偿的范围。由于 PPP 合同兼具“合同性”和“行政性”，以及风险因素引起责任的原因的多样性，使得 PPP 合同中的责任归属较为复杂。考虑到 PPP 合同的特性，可以将其一分为二，综合运用行政法与民事法律加以调整。民事合同违约责任是以合同约定的义务为前提，行政合同的违约责任是以行政合同中存在约束行政主体和相对人的义务为前提，在确定 PPP 风险分担时的责任归责时，应依风险类型而定，分别适用于民事归责原则和行政归责原则。

2.4.1.4　风险收益对等原则

风险收益对等原则，即“责利”对等的思想。风险收益对等原则是指如果一方是管理某项风险所获得的经济利益的最大受益者，则该风险应由该方承担。也就是说，当一个主体在有义务承担风险损失的同时，也应该有权利享有风险变化所带来的收益，并且该主体承担的风险程度与所得到的回报相匹配。风险分担的策略就是承担风险的主体在承担风险损失的同时，也有权利享有风险收益。

2.4.1.5　有效控制原则

有效控制原则是指风险应分摊给处于最有利控制该风险并以较小代价控制风险的一方，或者说，风险的分担应与各方的控制能力相对称，将风险分配给能够最佳管理风险和减少该风险的一方。

2.4.1.6　风险成本最低原则

风险成本最低原则是指在风险分配的过程中，应当确保所有参与方所承担的风险总成本达到最小化状态。这一原则的核心在于通过合理的风险分担机制，优化资源配置，减少不必要的成本支出，从而提高项目的整体效率和效益。风险分担对项目总体成本的影响可以归结为 3 个效应：生产成本效应、交易成本效应、风险承担成本效应。生产成本效应指风险分担直接影响项目执行过程中的生产成本；交易成本效应指风险分担能够促进合作，减少不必要的交易成本；风险承担成本效应指理想的风险分担方案应确保每个参与方所承担的风险与其风险承受能力相匹配，避免将过高风险强加给承受能力较弱的参与方。

2.4.1.7 风险上限原则

在实际项目实施过程中，尽管前期进行了详尽的风险评估和规划，但仍有可能遇到一些无法预见或变化远超预期的风险事件。出现这种情况时，不能让某一方单独承担这些接近于无限大的风险，否则必将影响这些风险的承担者管理项目的积极性，因此，风险上限原则显得尤为重要。这一原则强调，在风险分担的过程中，必须为每个参与方设定一个合理的风险承担上限，以确保任何单一风险事件都不会对任何一方造成毁灭性的打击。这个上限的设定应当综合考虑参与方的财务能力、技术能力、管理能力以及项目的具体情况。

2.4.1.8 直接损失承担原则

直接损失承担原则主张在风险事件发生后，由直接受害者来承担该风险。这一原则的核心在于，当个体或组织面临直接的经济损失、声誉损害或其他形式的负面影响时，他们通常更有动力去预防、减轻或应对这些风险。直接损失承担原则有助于激发项目参与方的风险意识和责任感，促使他们更加谨慎地评估和管理风险；同时也有助于提高风险管理的效率和效果。

2.4.1.9 风险分担的动态原则

风险分担的动态性是指在项目生命周期的不同阶段，随着内外部环境的变化，风险分担的格局需要相应地调整。这主要是因为 PPP 项目的寿命周期比较长，随着项目的进展，参与方的角色、责任和利益可能会发生变化，同时外部环境也可能出现新的风险或机遇。因此，风险分担的格局需要随之调整，以确保各方能够继续有效地管理风险，并共同推动项目的成功实施。

2.4.1.10 风险偏好原则

风险偏好原则是指风险应由对该风险偏好系数最大的项目参与方来承担。风险偏好系数反映了参与方对风险的接受程度和偏好程度，通常通过问卷调查、专家评估或数据分析等方式来确定。如果项目参与方对某种风险的偏好系数最大，就意味着该项目参与方最适合承担该风险。根据风险偏好原则，将风险分配给具有最高风险偏好系数的参与方，有助于实现项目整体风险的最小化和满意度的最大化。

2.4.2 风险分配流程

为解决风险分配这一贯穿 PPP 项目生命周期的核心问题，缩短政府和社会资本方风险分配方案谈判时间，降低交易成本，实践中经常将风险分配标准化流程引入 PPP 项目的风险分配中。在风险识别过程中使用了量化分析的方法，具体分配流程见图 2.1。

PPP 项目的风险分配是通过对项目风险进行识别，分析量化，得到风险初次分配结果，包括三种情形，第一种是由社会资本方（河南水利投资集团有限公司（牵头人）、河南省水利第一工程局（成员）、河南省水利第二工程局（成员））承担，第二种是由政府方（河南省海河流域水利事务中心）承担，第三种是由双方共同承担。

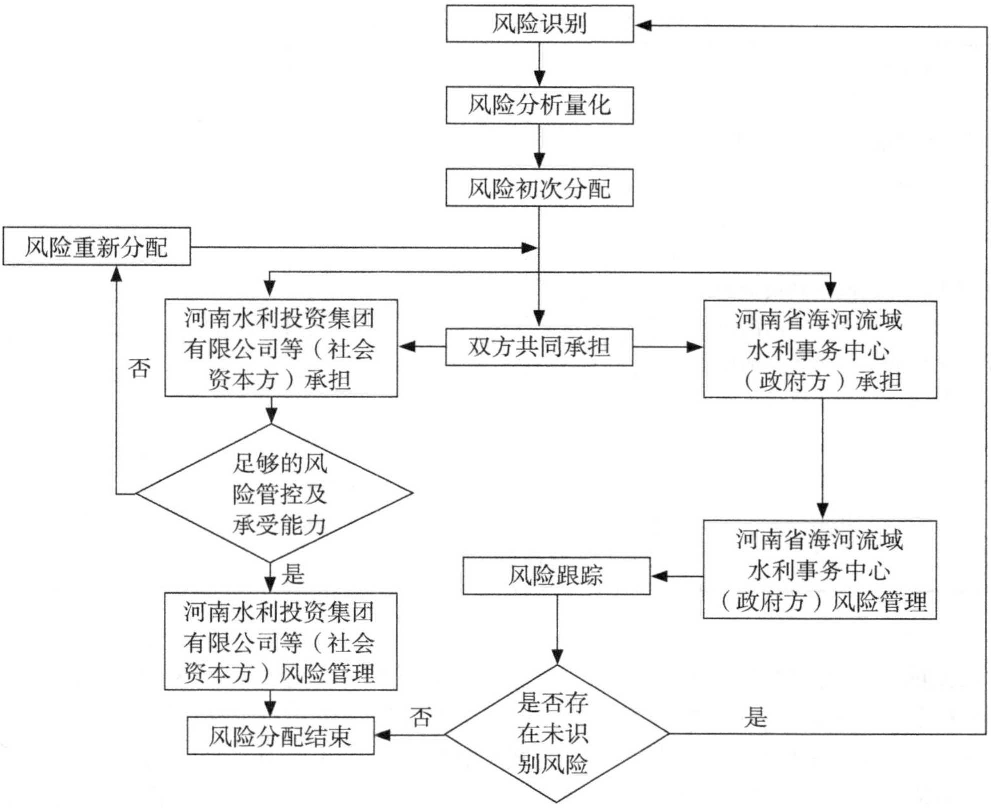

图 2.1 PPP 项目风险分配标准化流程

第一种是对社会资本方分配的风险进行分析，判断社会资本方是否具有足够的风险管控及承担能力，如果社会资本方没有足够的风险管控及承担能力，则需要重新进行风险分配；如果社会资本方有足够的风险管控及承担能力，则本次风险分配结束。

第二种是对政府方分配的风险进行分析，对政府方承担的风险进行跟踪，判断是否存在未识别的风险，如果存在未识别的风险，则需要重新进行风险识别、量化和分配；如果不存在未识别的风险，则本次风险分配结束。

第三种是双方共担风险，由社会资本方和政府方按照各自风险分配处理流程进行处理。

2.4.3 风险分配方案

风险共担是 PPP 项目的特点之一，它要求项目参与各方共同承担项目中可能遇到的各种风险。在 PPP 项目中，风险分配是一个关键环节，它涉及如何在政府方和社会资本方之间合理地划分风险责任，以确保项目的顺利实施和长期运营。在小浪底北岸灌区工程 PPP 项目中，作为 PPP 项目风险分担主体的政府方、社会资本方及项目公司，具有不同的比较优势和分担偏好。需要充分考虑风险分担主体的优势和偏好才能使风险分配更加合理，取得合理的风险分配结果。风险分担主体优势和偏好见表 2.2。

表2.2 风险分担主体优势和偏好

风险承担主体	优势	偏好
政府方（河南省海河流域水利事务中心）	相比较而言，政府部门的优势在于制定政策、出台法律、影响项目的外部环境	偏好承担本级政府可控的部分法律、政策风险
社会资本方［河南水利投资集团有限公司（牵头人）、河南省水利第一工程局（成员）、河南省水利第二工程局（成员）］	相比较而言，社会资本方在融资方面具有优势。项目公司由社会资本方独资设立，负责PPP项目运营管理。项目公司在建设、运营方面具有优势	社会资本方根据自身的比较优势，偏好承担项目融资、建设、运营、移交等风险
双方共担	对于有些风险，政府方和社会资本方都不具有控制能力，这就需要双方共同合作来承担	偏好承担不可抗力事件、宏观经济波动引发的风险

根据前文所述的PPP项目的风险分配原则和分配流程，综合考虑风险管理能力、项目回报机制和市场风险管理能力等要素，将小浪底北岸灌区工程PPP项目的风险进行分配。并在充分考虑政府方（河南省海河流域水利事务中心）和社会资本方（河南水利投资集团有限公司（牵头人）、河南省水利第一工程局（成员）、河南省水利第二工程局（成员））分担的偏好和优势的基础上，构建了完备的风险分配清单。项目风险分配清单见表2.3。

在PPP财政承受能力评估中，比例法是计算政府方和社会资本方风险承担成本的一种常用的方法。在各类风险的具体支出数额和概率难以精确测算的情况下，比例法基于项目的全部建设成本和一定时期内的运营成本，通过设定一个合理的比例来估算风险承担支出。

根据以上分配清单，结合小浪底项目实际，采用比例法计算分配政府和社会资本方的风险承担成本。小浪底北岸灌区工程PPP项目风险承担成本占项目建设、运营成本的10%，其中自留风险承担成本占项目全部风险承担成本的25%，可转移风险承担成本占项目全部风险承担成本的75%。

2.5 风险承担及防控措施

2.5.1 风险防控策略

2.5.1.1 风险规避

在风险控制中最保守且效率最高的控制举措为风险规避，对于小浪底北岸灌区工程PPP项目而言，政府方和社会资本方可以采用风险规避的方法来规避一些风险，社会资

表 2.3　项目风险分配清单

<table>
<tr><th colspan="4">风险类别</th><th>政府方承担</th><th>社会资本方承担</th><th>共同承担</th><th>备注</th></tr>
<tr><td rowspan="5">法律、政策风险</td><td colspan="3">政府许可冗长</td><td>√</td><td></td><td></td><td rowspan="2"></td></tr>
<tr><td colspan="3">政府审批延误</td><td>√</td><td></td><td></td></tr>
<tr><td rowspan="2">法律 / 政策变更风险</td><td colspan="2">本级政府可控</td><td>√</td><td></td><td></td><td rowspan="3">通过双方协商，进行动态的合同体系调整，可通过签订补充协议的形式进行此类风险的管理和规避</td></tr>
<tr><td colspan="2">本级政府不可控</td><td></td><td></td><td>√</td></tr>
<tr><td colspan="3">合同变更</td><td></td><td></td><td>√</td></tr>
<tr><td rowspan="23">建设风险</td><td colspan="3">技术等级选择不当 / 设计质量缺陷</td><td>√</td><td></td><td></td><td rowspan="23">社会资本应该配合公共部门，提交建设期履约保函和运营维护履约保函等</td></tr>
<tr><td rowspan="2">设计变更的缺陷</td><td colspan="2">政府方导致</td><td>√</td><td></td><td></td></tr>
<tr><td colspan="2">社会资本方或项目公司导致</td><td></td><td>√</td><td></td></tr>
<tr><td colspan="3">开发许可 / 批准</td><td>√</td><td></td><td></td></tr>
<tr><td colspan="3">调整规划</td><td>√</td><td></td><td></td></tr>
<tr><td rowspan="2">征地拆迁</td><td colspan="2">政府方导致</td><td>√</td><td></td><td></td></tr>
<tr><td colspan="2">项目公司导致</td><td></td><td>√</td><td></td></tr>
<tr><td colspan="3">施工质量</td><td></td><td>√</td><td></td></tr>
<tr><td colspan="3">施工安全</td><td></td><td>√</td><td></td></tr>
<tr><td rowspan="3">施工成本超支</td><td colspan="2">主材料价格上涨</td><td></td><td></td><td>√</td></tr>
<tr><td rowspan="2">工程变更等</td><td>政府方导致</td><td>√</td><td></td><td></td></tr>
<tr><td>项目公司导致</td><td></td><td>√</td><td></td></tr>
<tr><td colspan="3">缺陷与隐蔽缺陷</td><td></td><td>√</td><td></td></tr>
<tr><td colspan="3">考古文物保护</td><td></td><td></td><td>√</td></tr>
<tr><td colspan="3">施工技术</td><td></td><td>√</td><td></td></tr>
<tr><td rowspan="3">工期延误风险</td><td colspan="2">政府方原因</td><td>√</td><td></td><td></td></tr>
<tr><td colspan="2">社会资本方或项目公司原因</td><td></td><td>√</td><td></td></tr>
<tr><td colspan="2">不可抗力原因</td><td></td><td></td><td>√</td></tr>
<tr><td colspan="3">分包商违约</td><td></td><td>√</td><td></td></tr>
<tr><td colspan="3">供应风险</td><td></td><td>√</td><td></td></tr>
<tr><td colspan="3">组织协调风险</td><td></td><td>√</td><td></td></tr>
<tr><td colspan="3">第三方责任</td><td></td><td>√</td><td></td></tr>
<tr><td colspan="3">投融资风险</td><td></td><td>√</td><td></td></tr>
</table>

续表 2.3

风险类别				政府方承担	社会资本方承担	共同承担	备注
运营风险	试运营风险				√		建立有效合理的绩效考核机制进行监督
	运维成本超支				√		
	经营管理				√		
	服务质量不达标				√		
	运营商违约 / 提前终止				√		
	收益风险				√		
	最低水量风险	供水量不足	政府方导致	√			
			社会资本方导致		√		
		需求水量不足	政府方引起	√			
			项目公司引起		√		
	水价降低风险					√	
	水质风险	进口水质风险		√			
		出门水质风险			√		
	上级补贴资金不到位			√			
	设施维护状况风险	移交前设施状况			√		
		移交后设施状况（缺陷责任期内）			√		
		移交后设施状况（缺陷责任期外）		√			
	安全风险				√		
	第三方人身安全风险				√		
移交风险	移交设施性能不达标				√		
	移交时存在质量缺陷				√		
	移交资产评估耗时过长	政府方导致		√			
		社会资本方导致			√		
宏观经济风险	税费调整					√	
	通货膨胀					√	
	基准利率变化	上浮 5% 以内（含 5%）			√		
		超过 5% 的部分				√	
不可抗力风险	自然因素导致的不可抗力风险					√	
	非自然因素导致的不可抗力风险					√	
其他风险	社会资本方变动风险				√		
	获得项目相关保险				√		

本方可以通过风险规避来防止可能出现的经济损失，进而为项目实施提供保障。小浪底北岸灌区工程 PPP 项目在实施的过程中，遇到风险超过自身承受能力、收益与损失不匹配等情况，可以采用风险规避的方法来防范风险。

2.5.1.2 风险转移

风险转移作为一种管理策略，其核心在于将潜在风险事件所引发的部分乃至全部经济损失，通过合法合规的方式转移至具备相应风险吸纳能力的保险公司或其他合作方。实施风险转移策略的前提在于，参与转移的各方需能从中获得合理的风险溢价或补偿，以确保其有动力并有能力承担所转移的风险成本，从而有效减轻项目整体的风险负担，促进项目的稳健运行与可持续发展。

运用风险转移方法的前提是风险转移的参与方应能获得收益，从而能够帮助承担风险造成的损失。在小浪底北岸灌区工程 PPP 项目中，政府方与社会资本方采取了包括精心设计合同与保险策略在内的风险转移举措，体现了高度的专业性与精细化管理。

2.5.1.3 风险控制

风险控制简单来说就是将不利风险出现的概率及可能会引发的损失缩减并进行控制，确保损失处于临界值的范围之内。在出现风险的时候大多采取这一方式。小浪底北岸灌区工程 PPP 项目主要采用风险减轻的方式进行风险控制，重点是要分辨风险影响的严重程度，分析风险的来源，对风险可能引发的损失加以控制。

2.5.2 风险承担及应对防控措施

2.5.2.1 政府方风险承担及防控措施

政府方承担的风险源于政府所承担的工作，如项目规划、审批、征地拆迁、安置补偿等前期工作；或者源于政府自身的行为举措，如政府在项目实施过程中的决策、管理、监督等行为。对于上述风险，社会资本方的掌控能力相对较弱，这主要是因为社会资本方通常不具备政府所拥有的行政权力和资源，难以有效应对由政策、法律等因素引起的风险。为了保障社会资本方的利益，政府在 PPP 项目中通常会承担相应风险，并对风险发生所造成的损失给予项目公司相应的补偿，具体如下。

（1）政策性风险。如征地拆迁安置补偿费标准等本级政府可控的政策性风险，政府应确保政策的稳定性和连续性，避免因政策调整给社会资本方带来损失。如果因政策调整导致社会资本方受损，政府应给予合理补偿。

（2）支付风险。针对政府延迟支付风险，PPP 项目合同中应明确政府的支出责任、期限及政府违约的处理办法，这有助于保障社会资本方的资金安全和收益稳定。

（3）设施维护风险。在 PPP 项目移交后（缺陷责任期外），设施由政府方负责维护，这意味着政府需要承担因设施老化、损坏等导致的风险，并支付相应的维护费用，这有助于确保设施的正常运行和项目的持续效益。

在风险防控方面，应强化政府责任意识，充分发挥政府在资源调配和组织协调方面的明显优势，有效防范风险。以小浪底北岸灌区工程 PPP 项目为例，政府方通过以下措施强化了风险防控能力。

（1）建立科学完善的决策机制，设立科学的管理框架，增加了绩效考核、专项检查、变更管理和履约管理，全面提高了工程建设管理能力。此外，在项目的“两评一案”和 PPP 合同的编制过程中，因地制宜确定项目管理方式，为后期政府方和社会资本方顺利合作奠定了基础，进而提高政府决策能力。

（2）建立跨部门协调机制。河南省人民政府办公厅于 2019 年 4 月 15 日成立了省十项重大水利工程建设协调领导小组，以省长为组长，常务副省长为副组长，包括 35 名组员，以提高政府工作效率，协调解决项目推进中的问题。

（3）做好宣传教育工作。通过《人民日报》《河南日报》和《中国水利报》（如图 2.2 所示）等主流媒体进行报道，减少项目阻力，规避项目风险。

中国水利報
China Water Resources News
http://www.chinawater.com.cn
中华人民共和国水利部主管 中国水利报社主办
2023年3月 4 星期六
第5274期

奔赴充满光荣和梦想的远征
——以习近平同志为核心的党中央引领亿万人民踏上新征程述评

节水优先 水美江苏

河南小浪底北岸灌区工程最长隧洞贯通

建议提案见实效 水利发展添力量
——水利部圆满完成五年来全国两会建议提案办理工作

配水枢纽施工

白鹤滩水电站16台百万千瓦机组全部通过验收

延长骨干水网 升级“天府粮仓”
——四川向家坝灌区北总干渠一期二步工程开工侧记

图 2.2　中国水利报对小浪底北岸灌区 PPP 项目的宣传

（4）转变思想观念，强化履约意识，并根据工程建设进度，下发合同履约保函续保通知书，保障合同履约质量，提升政府履约能力。

（5）通过适当的政府采购程序，制定小浪底北岸灌区工程 PPP 项目中央和省级补贴资金使用管理制度，并进行招标，择优选择具备丰富运营经验和较高管理水平的社会资本方。

（6）聘请专业咨询机构，充分听取专家意见，制定科学完善的项目实施方案。关于造价控制问题，本项目进行了全过程专家造价咨询，顺利完成相应的造价控制工作，达到项目造价控制的目标，对相关的法律问题进行了咨询，保证了项目的顺利进行。此外，还对实施过程中的工程安全智能诊断与风险管控等关键技术进行专业的咨询，全面提高了施工技术，取得了一系列的科研成果。

（7）制定完善的绩效考核体系，小浪底北岸灌区工程 PPP 项目组织了多次绩效考核，邀请国内知名水利专家、咨询专家、财务专家组成考核组，对项目公司综合管理、质量安全进度管理、投资控制、技术创新等方面进行了全方位评价。通过考核查缺补漏，进一步提升项目管理能力。

（8）明确项目履约保障体系，加强对项目公司的履约监管。与社会资本方、项目公司共同签订承继合同，明晰权利和义务，规范合同管理，要求社会资本方和项目公司提交项目全生命周期履约保函，强化履约意识，制订财政补贴资金使用、工程变更管理等相关制度，加强项目过程管理，提升项目履约能力。

（9）强化政府监管能力，对灌区水资源管理与调配、灌区内总干渠和干支渠的抗旱防汛、灌区水利工程运行等进行管理，政府各部门根据职责划分，充分发挥行政监管职能。此外，本项目还对现场和资金进行了全面管理与监督。在现场监督方面，分别进行质量安全管理、监督问题整改和推进工程进展的监督。在资金管理方面，首先进行研究创新，事前控制投资，然后对资金进行全面监督，分别进行财政资金管理、工程进度款管理和银行账户管理，确保资金安全。

2.5.2.2　社会资本方与项目公司风险承担及防控措施

社会资本方承担的风险发生在项目的投资、融资、建设、运营维护和移交阶段，而项目公司承担的风险主要发生在项目建设、运营维护阶段。在移交期，项目公司将项目移交给项目实施机构。针对社会资本方承担的风险，在 PPP 合同中明确政府部门需提供的融资协助事项，对社会资本方的融资进度做细化要求，明确项目设施的维护要求和移交前的大修标准等事宜，明确运营商违约、提前终止应承担的责任。项目移交相关设备设施完好状态约定、性能测试约定、恢复性维修由社会资本方承担。对于项目公司而言，项目的建设及运营维护工作由项目公司负责，项目公司因项目而生，因此项目公司对项目的建设运营风险的责任不容推卸。项目公司应加强自身运营服务的管理与考核，按照《PPP 项目合同》规定的服务质量标准提供服务，并自行承担由此产生的费用及损失。第三方延误、侵权或违约造成的风险由项目公司承担，在与第三方签署的合同中约定第三方延误的申明和追偿责任。

社会资本方与项目公司可通过以下措施强化风险防控能力。

（1）社会资本方前期进行深入的市场调研和项目考察，全面分析项目的可行性。

（2）社会资本方在签署项目合同前，有权要求政府提供项目相关审批文件和基础资料，并进行详细核对。

（3）社会资本方制订科学完善的项目融资计划和实施方案，并严格按照计划和方案执行。

（4）社会资本方严格按照合同约定履行合同义务，维护公众利益，避免因失约而引发政府干预、国有化、征用、没收等风险。

（5）签订项目合同之后，在项目运行过程中，项目公司建立完善的沟通协商机制，就项目实施过程中出现的可能引发风险发生的事项，及时与政府进行沟通协商，根据协商结果妥善处理。

（6）建设期，项目公司采用成熟的技术方案，避免因技术缺陷而导致项目建设成本增加或工期延误。

（7）社会资本方与项目公司都应加强组织间的沟通协调，特别是做好与第三方机构的沟通协调，保证项目顺利进行。

（8）项目运营期，项目公司聘请专业的团队人才，建立完善的管理制度，高效管理项目的运营。

2.5.2.3 双方合理共担风险承担及防控措施

对于双方合理共担的风险，政府和社会资本方都不具有控制能力。因此，需要项目参与各方共同承担，并通过建立完善机制共同应对风险。按照PPP项目合同的约定，政府与社会资本方合理共担损失，并合力克服事件、恢复运作，同时通过购买相关保险降低损失。政府和社会资本双方可通过以下措施强化风险防控能力。

（1）推进项目信息公开，主动接受公众监督，广泛征求公众意见，为项目实施奠定良好群众基础。

（2）针对政策法规变更风险，双方可组建专业团队，研究分析政策及法规标准的趋势走向，事先就因政策及法规标准的变更所引起的风险责任进行约定。

（3）针对项目合同风险，双方应就合同文件的核心条款进行沟通确认，并聘请法律顾问对项目合同文件进行审查，避免因项目合同文件存在瑕疵而引发纠纷或其他风险。

（4）针对自然环境、社会环境、突发事故等不可抗力风险，双方应共同建立风险应急机制，制订风险应急预案，及时化解项目建设与运营阶段发生的突发风险，确保项目正常运转。

2.6 建设期风险管控实践

2.6.1 一期工程移交超概风险分析与防控

小浪底北岸灌区工程分两期实施。其中一期工程由总干渠、一干渠等工程组成，批复初设概算静态总投资4.94亿元，于2012年初开工建设，2019年8月全部完工。一期工程投资由济源示范区人民政府自筹资金建设。一期工程工期持续时间长，执行过程出现了超概风险，项目决算投资超出了概算投资。

二期工程筹建过程中，河南省人民政府批复的《小浪底北岸灌区工程 PPP 项目实施方案》提出以批复概算投资 4.94 亿元将一期工程打包纳入小浪底北岸灌区工程 PPP 项目。济源示范区水利局根据《关于对小浪底北岸灌区工程建设管理机制的建议》提出由河南省水利厅整体接管小浪底北岸灌区一期工程，并同时提出对于一期工程已投入的建设资金，由河南省水利厅成立的建设管理机构与济源示范区人民政府进行核算，按照项目批复工程投资进行资金置换。

2021 年 1 月 15 日签订的《小浪底北岸灌区一期工程移交协议》提出了移交工作的组织、移交工作的主体、移交资金的支付、渠首取水闸管理、后续责任和用水主题等内容，在移交工作的主体和移交资金的支付中明确提出了由河南省海河流域水利事务中心负责协调一期工程总投资的认定和解决，规定一期工程总投资包括初设批复的概算投资 4.94 亿元和超概部分资金，由此产生了一期工程移交的超概风险。

为应对一期工程超概风险，河南省海河流域水利事务中心于 2021 年年底牵头完成省水利厅审查、审计厅审计、财政厅审批以及上报省政府研究等流程，并进行了以下工作：

（1）开展小浪底北岸灌区工程一期工程对接会，会议初步商定，一期工程总投资额以省财政厅决算为准，超概问题建议由省政府确定解决方案。

（2）开展小浪底北岸灌区工程一期工程协调会，会上济源示范区人民政府提出一期工程完成投资 7.7 亿元，与初步设计批复投资 4.94 亿元相差较大。对于超概部分济源示范区相关部门负责人提出以下解决方案：①将超概部分纳入总投资；②将该部分投资转变为公司股份；③通过其他项目补偿该部分投资。

在后续的协调会中，济源示范区人民政府提出了两种方法，对超概风险进行解决：①对已经形成的全部投资都纳入 PPP 项目总投资，由中标的社会资本方返还给济源示范区政府；②一期工程交由省水利厅统一运营，济源示范区可以保留 5% 到 10% 的股份。最终，小浪底北岸灌区工程的 PPP 项目总投资确定为 34.7 亿元。

2.6.2　社保费风险及防控

根据《河南省发展和改革委员会关于小浪底北岸灌区工程初步设计的批复》，小浪底北岸灌区二期工程批复总概算为 267 539 万元。该工程的总概算随后因政策调整而发生了变化。

2019 年 5 月 15 日，河南省人力资源和社会保障厅发布了《关于公布 2019 年被征地农民社会保障费用最低标准的通知》（豫人社规〔2019〕2 号），明确规定济源市社会保障费缴纳标准由原有的 6 600 元 / 亩，调整为 44 300 元 / 亩；焦作市社会保障费缴纳标准由原有的 4 290 元 / 亩，调整为 42 100 元 / 亩。这一政策调整直接导致了小浪底北岸灌区工程所需的社会保障费用大幅增加，进而影响了工程的总投资概算。

根据小浪底北岸灌区工程 PPP 项目风险分配方案，本次社保费风险属于由政策变更导致的风险，且属于本级政府可控风险，应由政府方进行承担。《关于小浪底北岸灌区工程财政资金缺口情况的报告》中提出了根据 PPP 项目实施方案，财政资金及时足额到位属于政府方责任，财政资金缺口由增加相应省级资金的方式解决。

2022 年，《河南省水利厅关于贯彻落实省政府第 144 次常务会议精神因政策变化增加引江济淮（河南段）等 3 项工程投资的通知》（豫水计〔2022〕39 号）规定，因被征地农民社会保障费用政策变化增加投资 19 192 万元，因征收农用地区片综合地价政策变化增加投资 4 598 万元，共增加投资 23 790 万元，因此小浪底北岸灌区二期工程总投资由 267 539 万元增加至 291 329 万元，增加投资由省级财政承担。

2.6.3 运行期推后风险

小浪底北岸灌区工程初设批复总工期为 32 个月，其中关键线路控制性工程为总干渠 4 号隧洞工程。实际建设中，由于总干渠 1 号隧洞施工工程遭遇复杂的水文地质条件，导致频繁发生坍塌、涌土等地质灾害，严重影响了施工进度，加之 2021 年汛期遭遇的超常规强降雨等不可抗力因素，使得实际开工时间及总工期与初设批复产生显著偏差。因此，关键线路控制性工程被调整为 1 号隧洞工程，并相应地将总工期延长 8 个月，由原来的 32 个月延长至 40 个月，以应对工期变更及运行期延后的问题。

工期延长有增加工程投资的风险，主要在于施工单位人工费、机械台时费、管理费增加；监理单位监理费增加；临时用地补偿费增加；建设期利息、建设管理费增加等。

此外，工期延长也对运维期时间造成了影响。原 PPP 项目合同约定合作期限为 33 年，一期建设期为 1 年，运营维护期为 32 年；二期建设期为 3 年，运营维护期为 30 年。工期延长后，预计 2023 年底实现通水，2024 年进入运维期，较原 PPP 项目合同运维期起点后移了 2 年。

根据小浪底北岸灌区工程 PPP 项目风险分配方案，上述的工期变更是由自然条件等不可抗力风险导致的工期延误，其风险由双方共同承担。

《小浪底北岸灌区 PPP 项目工程变更流程》中明确制定了小浪底北岸灌区工程 PPP 项目工程变更的流程，其中工期调整对工程投资的影响处于可控范围内，因工期调整可能增加的投资可在 PPP 项目合同约定的范围内处理。

对于运维期的变化，根据 PPP 项目合同约定“如确需延长工期的，工期相应顺延，运营周期不变”，双方可通过签订补充合同的方式，在工程完工后进入运维期时解决运维期变化的问题。因此，工期调整对运维期的影响可待总成本认定后，按 PPP 项目合同相关条款约定进行处理。

2.7 运营期风险与防控分析

2.7.1 运营期风险防控措施

小浪底北岸灌区 PPP 项目的运营内容包括一期建设的渠首段工程、总干渠工程、一干渠进水闸工程和二期建设的渠道、城市输水工程、排水工程、调蓄池工程、泵站工程及建筑物工程等设施的运营维护及配套工程的运营维护，主要经营收入来源为农业灌溉用水、城市生活用水和工业用水的供水收费。运营期政府方面临的主要风险有供水与需水风险、最低水量风险、水质风险和设施维护状况风险等。针对这些复杂多变的实际情况，必须采取针对性的策略与措施，以确保运营安全并规避风险。

2.7.1.1　政府方风险防控措施

在 PPP 项目中，政府方承担的风险通常源自其运营期负责的工作或政府自身的行为。由于社会资本方对这类风险的控制能力较弱，因此应由政府承担相应的风险，并对风险所造成的损失给予项目公司相应的补偿。

在 PPP 项目合同中明确政府的支出责任、支付期限及政府违约的处理办法。当政府未能按时支付时，项目公司可以依据合同条款要求政府履行支付义务或获得相应的赔偿。明确的责任分配有助于预防和解决支付延迟问题，确保项目公司的资金流稳定。在 PPP 项目中，项目公司负责根据合同约定及维护方案和手册的要求对项目设施进行维护和修理，这意味着项目公司在缺陷责任期外仍需承担维护责任，并且运营期维护所产生的费用通常由项目公司承担。政府方的角色更多是在监督、介入和风险管理方面，而不是直接承担运营期的维护费用。

在风险防控方面，应强化政府的责任意识，政府需强化风险防控责任，特别是在水量和水质风险防控方面，防止由于配套工程的建设、受水区需求的波动、定价和调整机制而造成的影响，通过合同明确规定风险分担原则，利用资源调配和组织协调优势，建立绩效评估和监管机制，以及构建信息公开平台和公众监督体系，以有效防范和应对项目运营中的风险。通过建立风险管理机制，如制定风险管理的制度框架和标准，以及通过风险评估、识别、分析和评价来提前预防和准备应对风险。政府还应与社会资本方建立良好的沟通和协调机制，确保双方在风险管理和应对措施上在运营过程中能够达成共识并有效合作。

2.7.1.2　社会资本方风险防控措施

社会资本方凭借其运营管理经验，可以更为主动、更加有效地进行风险应对。在 PPP 项目合同中，应明确运营商在违约提前终止时应承担的责任，以约束社会资本方的行为，保障项目稳定运行。社会资本方应严格按照合同约定履行合同义务，维护公众利益，避免因失约而引发政府干预、国有化、征用、没收等风险。社会资本方在面对合同相对方违约时，应争取通过协商解决争议，或在必要时及时提起争议解决程序，避免项目因争议久拖不决而遭受持续亏损。社会资本方还应确保项目的正常运营，适时提供资金支持，并选择非当地政府控制的金融机构进行融资，以避免在与政府方发生争议时陷入融资困境。同时，应在与政府方签订的协议或 PPP 项目合同中明确项目投资人的权利义务、投资权益保护及违约救济，以保护其在合同纠纷中的利益。

2.7.1.3　项目公司风险防控措施

本项目的建设及运营维护工作由项目公司负责，项目公司因项目而生，因此项目公司对项目的建设运营风险的责任不容推卸。项目公司应加强自身运营服务的管理与考核，按照《PPP 项目合同》规定的服务质量标准提供服务，并自行承担由此产生的费用及损失。对于第三方延误、侵权或违约造成的风险，项目公司应在与第三方签署的合同中明确延误的申明和追偿责任。在项目合同中可以约定，如果第三方未能按照合同约定的时间和质量标准完成工作，项目公司有权要求赔偿损失，并明确赔偿的计算方法和上限。项目公司应建立完善的沟通协商机制，就项目实施过程中出现的可能引发风险发生的事项，及时与政府方进行沟通协商，根据协商结果妥善处理；同时，项目公司应聘请专业的团队人才，建立完善的管理制度，实现项目运营的高效管理。

2.7.1.4 双方合理共担风险承担及防控措施

对于政府方和社会资本方都不具有控制能力的风险，需要项目参与各方共同承担。根据 PPP 项目合同的约定，政府方与社会资本方应合理共担损失，并通过建立完善机制，共同应对风险。同时，双方可通过购买相关保险来降低损失。

针对政策法规变更风险，双方可组建专业团队，研究分析政策及法规标准的趋势走向，并事先就因政策及法规标准的变更所引起的风险责任进行约定。

对于自然环境、社会环境、突发事故等不可抗力风险，双方应共同建立风险应急机制，制订风险应急预案，及时化解项目运营阶段发生的突发风险，确保项目正常运转。

2.7.2 运营期风险管控探析

2.7.2.1 一期工程移交风险分析

小浪底北岸灌区工程 PPP 项目一期工程的顺利移交，对保障其后续运营期的顺畅至关重要。然而，在移交过程中，潜在的财务风险、工程质量风险、运营管理风险及水费计收风险都可能对运营期产生显著影响。

财务风险主要包括资金结算和费用分摊等财务问题的争议，若处理不当，可能引起运营期资金流的不稳定，进而影响工程的正常运营和维护。工程质量风险则是指一期工程在移交前可能存在的建设标准不达标、工程质量不合格等问题，这些问题若未得到妥善解决，将会在运营期逐渐显现，对工程的持久性和安全性构成威胁，增加运营期的维修和改造成本。运营管理风险亦不可忽视，若移交过程中运营管理机制未能有效建立或完善，将可能导致运营期管理混乱，影响工程效益的发挥；同时，移交前后运营管理团队的衔接问题也可能导致管理空白或重叠，进一步影响工程运营效率。水费计收风险也是一大挑战，若移交后水费计收机制未能及时调整和完善，可能会导致水费计收不公或计收困难，对工程的经济效益和可持续性产生负面影响。

为有效应对这些风险，小浪底北岸灌区 PPP 项目采取了一系列措施。

（1）建立完善的移交沟通交流协调机制，强化问题交流，推动问题及时解决，确保移交过程顺利。

（2）成立专门移交领导小组，明确牵头负责人，负责全面协调解决移交过程中的各类问题。

（3）明确一期工程移交协议签订的时间节点，加快移交进程，使一期工程能尽快投入运营，避免运营期延误。

（4）加强运营管理团队建设，确保移交前后运营管理团队的有效衔接，为运营期的正常运营和管理提供有力保障。

（5）完善水费计收机制，确保水费计收公平、公正和合理，以维护工程的经济效益和可持续性。

通过实施这些措施，小浪底北岸灌区 PPP 项目能够显著降低一期工程移交风险对运营期的影响，确保工程能够平稳、高效地进入运营阶段，为区域农业生产和经济发展提供坚实的支撑。

2.7.2.2　水量水价风险分析

供水工程主要是为了提供上游引水和输水服务，而非直接向最终用水单位供水。依据《小浪底北岸灌区工程 PPP 项目合同》，在一期工程移交前，必须完成相关配套工程建设，并确保年用水量达到《小浪底北岸灌区工程 PPP 项目实施方案》设定的指标。目前，由于配套工程尚未完工，供水仅限于生态用水，未实现预期售水收入，因此引发水量水价风险。

水量和水价风险是小浪底北岸灌区工程 PPP 项目成功的核心挑战，其中水量风险涉及配套工程的建设和受水区需求的波动，而水价风险则受到政府发改部门定价和调整机制的影响。配套工程的建设进度和质量，直接影响供水的稳定性和可靠性。如果工程延期或存在质量问题，将导致供水不足，无法满足受水区的需求，从而产生水量风险。受水区的用水需求可能会因为气候变化、农业结构调整、人口增长等因素而发生变化。如果需求预测不准确或变化迅速，可能会导致供水量与需求量不匹配，产生水量风险。水价的确定需要综合考虑供水成本、水资源的稀缺性、社会承受能力等因素。如果水价定价不合理，可能会导致供水企业运营困难或用户用水成本过高，影响项目的可持续性和社会效益，引发水价风险。水价的调整需要考虑到市场变化、成本变化、政策导向等因素。政府发改部门需要根据实际情况适时调整水价，以保持供水企业的合理利润和用户的合理负担。如果水价调整不及时或不合理，可能会导致供水企业或用户的利益受损，增加项目的运营风险，也会导致水价风险的产生。

小浪底北岸灌区工程 PPP 项目通过与广利灌区的运行管理有效衔接，保障了水量供应和水价稳定，降低了水量风险。项目通过政府与社会资本合作，不仅提升了灌溉效率、保障了粮食安全、改善了水环境、促进了经济发展，还增强了水资源调控能力、提升了公共服务水平，并推动了技术创新与管理进步。田间配套工程的实施，显著提高了灌溉水利用系数，从 0.5 提升至 0.8，每亩综合毛灌水定额从 380 m^3 降至 300 m^3，年节水能力达到 80 万 m^3，年节水效益达 36.8 万元，增加总额为 31.78 万元。随着二干渠部分工程的完工通水，将新建工程与原有田间灌溉工程等进行了有机对接，进一步降低了水量风险。

依据《小浪底北岸灌区工程 PPP 项目风险分配方案》，最低水量风险因政府方导致，该风险应由政府方承担。为规避这一风险，2021 年 1 月 15 日，项目公司与济源产城融合示范区、济源市水利建设投资有限责任公司签订了《小浪底北岸灌区工程 PPP 项目一期工程供水保障协议》，明确了供水水价的测算方法和水费的缴纳方式，通过核定供水平均价格、多样化水费缴纳方式、实施引调水工程和加强抗旱供水工程等措施，保障了供水合理运营、用户便利缴费、水量充足供应及水资源循环利用，保证了水量的供应，化解了需水量不足的风险。就施工期间对广利灌区正常运行的影响，运行期间进入总干渠的沁河水和黄河水的比例，各自供水量水价的区分，该渠段产权归属、维修主体和维修经费来源等相关问题，在维护双方利益的基础上进行了充分协商。为保障项目公司收费可靠稳定，确保水费结算方式简便可行，工程由实施机构协调下游供水系统（水厂、水库等）与项目公司统一结算并签订供水协议。

水量分配应根据各省区投资份额确定，以避免各受水区在工程规划阶段随意上报需水量，在通水运营阶段又因各种原因拒绝消纳水量，造成工程效益难以充分发挥。此外，应允许取水权的有偿交易，以调动用水户节约用水的积极性。本地水源和规划外调水源的供水量不足以满足当地需水量的部分，应由属地政府通过采用节水或者水权交易手段解决，推动水资源高效利用。

面对小浪底北岸灌区PPP项目中配套设施建设滞后导致的供水问题，首先，应强化项目管理，通过密切监控工程进度和及时解决问题来确保目标的实现。其次，施工计划应重新评估，优先确保关键设施的建设，以快速恢复供水。同时，项目方在关键时期增加资源投入，提升了施工效率。技术攻关团队被组建起来，专注于解决施工难题，并引入创新技术。此外，项目方加强了与政府、社区和其他利益相关者的沟通，以协调解决征地和拆迁问题。风险管理体系的建立有助于识别和控制可能影响工程进度的因素。合同履行得到监管，确保各方责任明确并执行。绩效考核被定期执行，以确保工程质量和进度。应急预案的制订保障了施工进度在面对不利天气或疫情时的稳定性。公众沟通的加强有助于信息透明化，争取公众支持。运用法律途径来解决合同纠纷。最后，项目方在施工期间就开始准备后续服务，确保工程完工后能迅速提供供水服务。

2.8 本章小结

本章分三个层次对小浪底北岸灌区工程PPP项目的风险识别和风险分配进行了全面的研究。首先介绍了风险的基本理论，如风险的基本概念、风险识别的概念与方法等，并结合小浪底北岸灌区工程PPP项目的运作模式和特点，对风险识别的方法进行对比分析；其次对全生命周期内各个阶段的风险因素进行了识别，在项目风险分配原则框架下按照风险分配流程，在政府方与社会资本方之间分配风险，构建了小浪底北岸灌区工程PPP项目的风险分配方案；最后根据风险管理理论，分析了风险规避、风险转移和风险控制等风险防控策略，明确了政府方和社会资本方各自应承担的风险，针对政府方承担、社会资本方承担和双方共同承担风险，提出了其各自的风险防范措施，并以项目建设期风险、运营期风险为例提出相应的防控措施。

第 3 章　政府方和社会资本方职责边界探索

3.1　概　述

在 PPP 项目中，政府方与社会资本方是核心参与主体，分别承担着公共服务与项目盈利的双重责任。政府方的主要目标是通过提供优质的公共服务，最大化社会福利；而社会资本方则侧重于通过项目运营实现投资回报。因此，尽管两者的利益诉求存在差异，但通过合作，双方可以整合各自优势，实现资源的高效配置，提升项目质量和运行效率。

PPP 项目的成功，关键在于政府方和社会资本方之间职责边界的清晰界定与有效协调。如果职责划分不明确，可能导致项目在执行过程中出现沟通不畅、责任推诿等问题，进而影响项目的顺利实施和长远发展。因此，界定清晰的职责边界，确保各方权责明晰，是 PPP 模式高效运作的基础。

同时，政府方与社会资本方的合作虽然有助于提高公共项目的运营效率，但在实际操作中仍面临着许多挑战，特别是在合同执行、职责模糊和风险分担方面。因此，本章将重点探讨在小浪底北岸灌区工程 PPP 项目中，如何有效划分政府方和社会资本方的职责边界，并通过合理的机制设计，确保项目的顺利推进。

本章首先回顾 PPP 项目中职责边界的相关理论基础，结合小浪底北岸灌区工程的实际情况，分析在该项目中政府方与社会资本方在不同阶段的职责划分及其实施效果。同时，讨论在项目推进中如何通过制定明确的合同条款、建立高效的沟通协调机制、强化风险管理等措施来优化职责边界的划分与协调。通过分析这些实践经验与教训，本章旨在为类似 PPP 项目的成功实施提供指导性建议，推动公共服务项目管理的规范化和高效化。

3.2　职责边界的理论基础

PPP 项目的核心参与者包括政府方、社会资本方和公众。每个参与者在项目中的目标和诉求各不相同，但其共同点在于希望通过合作实现公共服务的提供与社会资源的高效利用。因此，明确职责边界至关重要，这不仅能促进项目的顺利实施，还能有效管理和规避项目中的潜在风险。

3.2.1　PPP 项目参与主体利益目标

PPP 项目中的三个核心参与者——政府方、社会资本方和公众，分别代表了不同的利益诉求。政府作为监管者和公共服务的提供者，其主要目标是最大化公共价值，确保项目实现社会效益，并保障公共服务的质量与可持续性。社会资本方，作为 PPP 项目中的经济主体，其目标是通过项目获取合理利润，保障投资回报。因此，社会资本方在项目中更关注运营效率和成本效益，以确保其投资的回报最大化。公众，作为公共产品或服务的使用者，关注的焦点在于通过最小的成本获得高质量的公共服务。因此，公众不仅期望 PPP 项目能提供优质的服务，同时也要求有权利参与监督和评估项目的执行情况。

在研究中，如果将政府、企业和公众视为“三维”主体构成的 PPP 分析系统，可以看到，由于公共项目具有资产专用性、自然垄断性和公众性等特点，公私合作必然需要满足社会公众对合作的知情权需求，其合作责任必然包括提供高质量的公共服务（如图 3.1 的 B 区所示）。然而，由于各方的目标存在不一致性，合作中政府或企业容易出现“道德风险”和“逆向选择”问题，进而导致主体责任不明确、合作效率下降以及利益冲突等情况。这些问题进一步影响了项目的合作价值，对公众的利益造成损害，同时也对政府的制度安排产生了影响（如图 3.1 的 C 区和 D 区所示）。因此，PPP 项目中的合作主体和公众，尽管存在着价值目标上的分歧，但也可以实现融合。这要求政府和企业的合作是为了实现公共利益的最大化目标，提供满意的服务给公众，同时确保企业获得合理的利润（如图 3.1 的 A 区所示）。因此，PPP 合作关系的特性决定了政府和企业合作主体的利益边界。

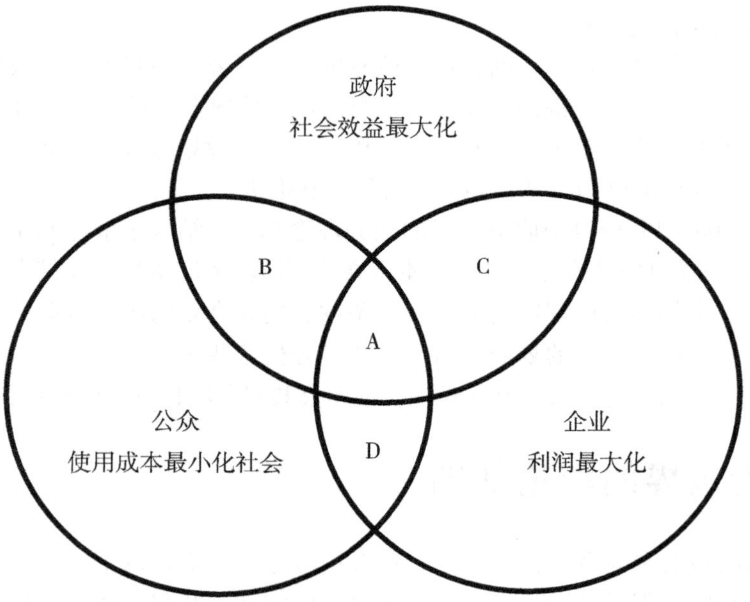

图 3.1　PPP 核心参与主体利益目标

为了实现 PPP 项目的成功，需要在合作初期就明确各参与主体的责任与利益诉求，通过契约与制度的设计，使政府方、社会资本方及公众的利益在一定程度上达成融合与平衡。政府与企业必须在保障公众利益的同时，确保社会资本方能够获得合理的利润回报。

3.2.2 探索职责边界的方法与工具

为了确保 PPP 项目中政府方和社会资本方的角色和职责得到清晰界定，需借助一系列的方法和工具来有效协调各方在项目中的合作。这些工具包括合同设计、沟通机制和风险管理等，能够帮助各方明确角色职责并推动项目顺利进行。以下是一些方法和工具，包括制定明确的合同条款、建立有效的沟通机制及其的优势和限制。

3.2.2.1 制定明确的合同条款

（1）方法：在合作协议中详细规定政府方和社会资本方的职责、权利、义务、资源投入及风险分担。合同条款还需明确项目各个阶段的目标、监督机制及各方的退出机制。

（2）优势：通过明晰的合同条款，可以在合作初期便达成共识，避免后期出现职责不清、争议或信息不对称的问题，保障项目顺利推进。

（3）限制：合同条款虽详尽，但项目的复杂性和未来的不确定性可能使其难以覆盖所有潜在情形。

3.2.2.2 建立有效的沟通机制

（1）方法：设立定期会议、专项工作组或线上线下沟通渠道，确保政府方和社会资本方能够及时沟通项目进展、解决问题，并根据项目情况进行协调与调整。

（2）优势：有效的沟通机制能够增强双方的理解与信任，有助于及时解决问题、快速调整合作方案，减少因信息滞后或误解带来的问题。

（3）限制：沟通的效果取决于双方的积极参与和投入，如果一方缺乏合作意愿或资源，可能导致沟通效果不佳，甚至影响项目推进。

3.2.2.3 风险管理和控制

（1）方法：在项目开始前进行全面的风险评估，明确各类风险的责任划分，并制订相应的风险应对方案。风险管理应贯穿项目的各个阶段，确保在风险出现时双方有应对预案。

（2）优势：风险管理有助于预见可能的挑战，减少不确定性，并为合作方提供应对机制，从而提升项目的稳健性。

（3）限制：尽管风险管理能够减轻潜在问题的影响，但由于未来的不可预测性，无法完全消除项目在执行过程中的风险。

3.2.2.4 制定共同目标和绩效评估机制

（1）方法：明确项目的共同目标，并建立科学的绩效评估体系，以衡量项目的进展和成果是否符合预期，确保双方能够根据评估结果进行调整。

（2）优势：共同目标的制定可以激励合作双方朝着相同的方向努力，增强项目的可持续性和合作的长久性。

（3）限制：制定目标和评估标准可能存在主观性，需双方在初期充分协商并达成共识。

3.2.2.5 实际应用的可行性

这些方法和工具在实际应用中是可行的，许多成功的公私合作项目都采用了类似的措施。制定明确的合同条款、建立有效的沟通机制、风险管理和制定共同的目标等，可以帮助解决合作过程中的许多问题，促进双方协调合作，并为项目的成功实施打下坚实的基础。

同时，需要注意的是，每个合作项目都有其独特性，特定情况下的具体应用可能存在一些挑战。例如，在政府方和社会资本方合作中，政府方的决策过程可能较为烦琐，社会资本方可能面临市场风险等。因此，在应用这些方法和工具时，需要双方积极配合、灵活应变，适时做出调整。

综上所述，明确职责边界和采取相应的方法和工具是确保政府方和社会资本方合作成功的重要手段。通过合同条款明确责任、建立有效沟通、风险管理、制定共同目标和绩效评估机制等措施，可以增强双方的合作意愿和信任，提高合作项目的成功率和可持续性。

3.3 小浪底北岸灌区工程 PPP 项目职责边界划分

3.3.1 合同体系分析

在小浪底北岸灌区工程 PPP 项目中，合同体系起到了至关重要的作用，涵盖多个关键合同文件，如《小浪底北岸灌区工程 PPP 项目合同》《工程总承包合同》《承继合同》和《融资协议》等。这些合同不仅是明确各方权利和义务的法律依据，更是确保项目顺利实施和运营的核心文件。

在小浪底北岸灌区工程 PPP 项目中，合同体系的核心文件包括：

（1）《小浪底北岸灌区工程 PPP 项目合同》。作为政府方与项目公司之间的主要法律文件，明确了项目的范围、合作期限、投融资结构、风险分担、回报机制、项目移交及违约责任等。这是项目实施的基础，确保各方的权利和义务得以有效保障。

（2）《工程总承包合同》。由项目公司与施工单位签订，规定了工程建设的具体内容，包括建设标准、质量要求、进度安排及费用管理，确保工程能按时按质完成。

（3）《承继合同》。由政府方、社会资本方和实施机构签订，明确了小浪底北岸灌区工程 PPP 项目中权利和义务的承继安排。合同涵盖了项目公司对社会资本方在 PPP 项目合同项下权利和义务的全面承继，甲方对丙方承继权利和义务的认可，乙方对资本金出资的责任，以及丙方对履行 PPP 项目合同的承诺。

（4）《融资协议》。由项目公司与金融机构签订，明确了项目资金筹措的安排，涵盖贷款额度、还款计划及增信支持，为项目建设提供资金保障。

以上这些合同共同构成了项目的法律框架，确保了工程全生命周期内的有序推进和管理。

3.3.2 合同体系中的利益相关方职责划分

在合同体系中，明确了各方的权利与义务，并划定了政府方、社会资本方和项目公司在项目中的职责边界。

3.3.2.1 政府方

河南省人民政府授权的河南省海河流域水利事务中心作为本项目的实施机构（本项

目政府方），负责统筹组织本项目实施 PPP 运作各项工作，包括项目识别、项目准备、项目采购、项目执行、项目移交等。

1. 政府方的主要职责

政府方需组织项目公司按照国家基本建设程序和已批准的建设规模、内容、标准开展工程建设，确保工程按时完成。同时，政府方还需负责组织初步设计文件的编制、审核和申报，并批准或上报年度及总进度建设计划，确保工程建设按计划推进。

在工程招标方面，政府方承担组织和管理职责，负责组织工程项目的勘察、设计、监理、第三方检测、造价咨询等招标工作，并监督和管理造价咨询单位、勘察单位、设计单位、监理单位及第三方检测单位的业务活动。此外，政府方需监督项目公司在施工过程中严格控制工程进度，确保年度完成的投资不低于水利部下达投资计划的 90%。

在质量和安全管理方面，政府方需要督促项目公司建立健全施工质量检查体系、质量管理制度，落实工程质量终身责任制，并监督参建单位整改在检查中发现的问题。政府方还需根据项目生产实际，督促项目公司制定并落实安全生产责任制、安全生产管理制度及隐患排查整改制度。

资金管理是政府方的重要职责之一，需监督项目公司融资计划的实施、资金到位情况，并依法依规监督项目公司的招标投标工作，确保其合规进行。此外，政府方还需审核项目公司提交的工程价款调增或减少报告，审核用款申请，报财政厅批准后支付，并对大额资金支付进行监督。

在环境保护方面，政府方需监督项目公司落实环境保护措施，包括扬尘防治“六个百分之百”的措施，并确保项目公司的环保设施、监测监控等管理制度的执行。同时，政府方需督促项目公司上报并落实工程度汛方案、防汛应急预案，确保在建工程的安全度汛。

政府方还负责审核项目公司的重大设计变更文件及工程建设重大技术问题的上报工作，监督项目公司全生命周期的建设成本，确保项目公司按时提供经第三方审计的财务报告及项目建设运营成本说明材料。此外，政府方需参与或监督项目验收工作，督促项目公司制订并报送验收工作计划。

在绩效考核方面，政府方根据合同约定的目标，采用动态实时监控和定期检查的方式，对项目公司进行绩效评估。同时，政府方需代表省政府对征地拆迁安置工作进行检查、督导、考核，与项目公司共同处理征地移民中的重大问题，并协调地方政府做好征地移民相关工作，确保社会稳定。

政府方还需监督项目公司运营维护工程设施，协调项目公司完成工程的移交工作，签署相关供水协议，并协调水费定价及调整事宜，确保项目移交期间国有资产不流失。

2. 政府方的主要义务

政府方需负责协调相关政府主管部门，协助项目公司办理并获得项目运营所需的各类手续，确保项目在运营阶段的合法性和合规性。同时，政府方还承担着与济源市、焦作市人民政府签订征地拆迁安置责任书的职责，同时，与项目公司配合，协调市、县级政府完成征地拆迁相关工作，确保项目用地顺利进行。

为确保合作项目的合法合规实施，政府方还需通过河南省海河流域水利事务中心负责获得项目审批，并推动相关审批流程的顺利进行。在此过程中，项目公司有义务协助实施机构完成审批所需的相关工作，确保各项手续的顺利办理。

如果因政府方的原因或要求导致项目运营成本增加，政府方需根据合同约定，给予项目公司合理的经济补偿，确保项目公司的利益不因政府行为受到不合理损害。此外，若项目因政府方原因提前终止，政府方需根据《PPP 项目合同》的规定对项目公司进行相应的补偿，确保项目公司在项目终止后得到合理的赔偿。

政府方的相关部门应按照法律、法规及《PPP 项目合同》赋予的权利，履行其在项目中的各项职责和义务，保障项目的顺利实施、管理和运营。

通过履行这些义务，政府方为项目公司提供了重要的支持与保障，确保项目的各个阶段都能够依法合规地进行。

3.3.2.2 社会资本方

本项目的社会资本方为河南水利投资集团有限公司、河南省水利第一工程局、河南省水利第二工程局组成的联合体。

1. 社会资本方的主要职责

社会资本方需按要求组建项目公司，确保项目组织架构的合规性和完整性。为确保项目的顺利推进，社会资本方还需及时足额提供项目所需的资金，保证资金按时到位，以避免资金短缺影响项目的建设进度。

在融资方面，社会资本方需协助项目公司进行必要的融资安排，并在必要时提供相应的增信支持，确保项目资金充足，避免工期延误。根据相关法规政策及协议约定，社会资本方还需承担具体的投资和施工责任，确保项目按计划推进。

在项目的建设和运营维护过程中，社会资本方需积极协助项目公司，确保项目的顺利实施和后续运营维护工作。同时，社会资本方有义务为实施机构或相关政府部门的监管工作提供便利和必要的协助，确保监管工作能顺利开展。

此外，社会资本方需协助项目公司与实施机构签署《PPP 项目合同》或相关承继合同，并按合同约定向实施机构提交投资履约保函，保障项目的合规运营。最后，社会资本方还需依据适用法律和《PPP 项目合同》的规定，履行其他相关义务，确保项目在法律框架内顺利推进和实施。

2. 社会资本方的主要义务

社会资本方需负责筹措本项目工程建设所需的全部资金，政府方提供的补贴除外。为确保项目顺利实施，社会资本方需进行所有必要的融资安排，并按时对项目设施进行投资、建设、运营、管理和维护，确保各个环节的资金到位和项目进展不受影响。

根据《PPP 项目合同》的规定，项目公司需按照政府或其指定部门制定的运营维护标准，负责本项目的运营和维护工作，并自行承担相关的费用、责任和风险，确保项目在运营期间的可持续性和稳定性。同时，根据合同要求，社会资本方需在合作期内向实施机构或其授权部门提交不可撤销且随时可支付的银行保函或保证金，确保其履约责任得到充分保障。

在项目合作期内，社会资本方及其设立的项目公司必须遵守国家及地方各级政府的相关法律法规，依法经营，严格履行经营管理责任，确保项目运营的合法合规性。此外，社会资本方还需接受实施机构及其他有关部门对项目运营的监督，并及时提供有关项目运营的资料，配合监督工作的顺利开展。

未经河南省人民政府批准和实施机构的书面同意，社会资本方不得将项目资产或合作经营权转让给第三方，以确保项目资产的安全性和完整性。在合作期结束后，社会资本方需按合同规定，将项目设施无偿、完好地移交给实施机构或政府指定的接收机构，确保设施处于良好可使用状态，并保证设施上不存在任何抵押、质押等担保权益或产权约束，同时不得存在任何种类和性质的索赔权，确保项目的顺利移交和运营的延续性。

3.3.2.3　项目公司

河南水投小浪底北岸灌区工程有限公司作为本项目的项目公司，社会资本方占股100%。按照国家基本建设项目管理有关规定和省政府批准的实施方案及 PPP 项目合同，项目公司作为项目法人对项目的资金筹措、建设实施、生产经营和资产的保值增值负责，对项目的工程质量、安全生产、工程进度和资产管理负总责。

1. 项目公司的主要职责

项目公司需按照基本建设程序和批准的建设规模、内容、标准组织工程建设，确保按时完成工程建设任务。此外，项目公司还需负责工程质量和安全管理，办理工程质量安全监督、开工报告备案手续，确保工程质量和生产安全。如果在施工过程中发生质量或安全事故，项目公司应按相关要求及时报告。

项目公司需负责办理建设用地手续，并筹措和及时拨付征迁资金。同时，项目公司应配合项目所在地人民政府，做好工程建设外部环境的保障工作，并参与征迁安置实施，确保项目用地需求顺利解决。

在资金管理方面，项目公司需组织编制年度及总进度建设计划、融资计划和建设资金申请计划，并上报实施机构。同时，项目公司需落实年度工程建设资金，按时完成年度建设任务和投资计划，并严格按照初设批复概算控制工程投资，保证资金的合理使用。

在项目施工过程中，项目公司需及时研究和处理出现的技术、经济及管理问题。如遇重大技术问题，项目公司应及时向实施机构报告，并按时办理工程结算，确保不拖欠农民工工资。此外，项目公司还需依法组织除实施机构负责招标以外的其他招标项目，并严格履行签订的合同，未经实施机构同意，不得委托他方代为招标。

在环境保护方面，项目公司需落实环境保护措施，特别是扬尘防控“六个百分百”等要求，确保环境管理工作到位。同时，项目公司需组织编制并上报工程度汛方案和应急预案，确保安全度汛工作的落实。

项目公司还需负责编制和管理工程档案资料，保证所有参建单位的档案资料得以收集、整理、移交和归档。此外，项目公司需及时向实施机构上报工程价款调增或减少报告，并报送工程建设的相关信息和材料，保证信息提交及时准确。

在项目技术管理方面，项目公司需组织开展施工图审查，并参与实施机构组织的工程计量认定工作。同时，项目公司还需组织编制重大设计变更文件，经实施机构审核同意后按程序报审，确保设计变更的顺利实施。

在资金管理方面，项目公司需根据完成的工程投资及合同约定，向实施机构提出财政资金用款申请，并附上相关的支持性证明文件。同时，按照 PPP 项目合同约定的“甲方负责的工作”中关于费用支付的规定，项目公司需按实施机构的付款通知，及时足额支付相关款项。

项目公司还需接受并配合实施机构及其他上级部门开展的稽查、检查和审计工作，确保项目资金的合规使用。此外，项目公司需建立健全各项内部控制制度，确保项目全生命周期建设成本的会计核算工作，并定期向实施机构报送上一年度经第三方审计的财务报告及项目建设运营成本说明材料。同时，项目公司需编制年度政府决算报告和财务报告，并接受财政部门的监督，负责绩效评价及竣工财务决算的编制工作。

在项目移交和验收方面，项目公司需按照相关规定和技术标准，制订验收工作计划，组织法人验收，并配合实施机构完成政府验收工作。在项目运营和维护方面，项目公司需负责工程的日常运营、维护及移交工作，确保移交资产的评估、性能测试、法律过户及工程资产移交手续的顺利完成，确保国有资产的安全完整。

项目公司还需办理一期工程移交相关事项，如取水许可的办理、供水协议的签订及水价核定申请等。项目公司有权根据项目情况提出水价调整申请，并承担项目法人规定的其他相关工作职责，确保项目的顺利运营和移交。

2. 项目公司的主要义务

项目公司需负责筹措本项目工程建设所需的除政府方补贴以外的全部资金，并进行所有必要的融资安排，确保资金按时到位，用于项目设施的投资、建设、运营、管理、维护和更新工作。按照《PPP项目合同》的要求，项目公司需根据政府或其指定部门制定的运营维护标准进行项目运营，并承担由此产生的相关费用、责任和风险，确保项目在运营期间正常运行。

在档案管理方面，项目公司需严格按照国家《重大建设项目档案验收办法》《建设工程文件归档整理规范》等相关规定，负责项目全生命周期内档案的管理，包括建设、验收、运营、移交等环节，保证项目档案完整且符合标准要求。

此外，项目公司需在合作期内，向河南省海河流域水利事务中心提交不可撤销且随时可以提取的履约保函，以确保其履约责任得到保障。在项目运营期间，项目公司必须遵守国家及地方各级政府的相关法律法规，依法经营，并严格履行其经营管理职责，确保项目运营合规、合法。

项目公司还需接受河南省人民政府及其他相关部门的监督，按实施机构的要求提供进度、质量、投资、安全及环境保护等方面的资料，并配合上级部门的监督工作。同时，项目公司应执行因法律变更或河南省人民政府、实施机构要求而调整的运营标准要求，并在法律规定的条件下，接受河南省人民政府或实施机构的临时接管和其他管制措施。

如果项目公司在运营或履约过程中出现违约情况，则需按照合同约定向河南省海河流域水利事务中心缴纳违约金并进行整改。未经河南省海河流域水利事务中心的书面同意并经河南省人民政府批准，项目公司不得将项目资产或合作经营权转让给第三方，以保障项目资产的安全性和完整性。

在合作期结束时，项目公司需按合同约定将项目设施无偿、完好地移交给河南省人民政府或其指定机构，保证移交设施处于良好可使用状态，且不带有任何贷款、抵押、质押等担保权益或产权约束，亦不得存在任何种类的索赔权，确保设施的顺利移交。

此外，项目公司应根据项目需求，完善机构设置，配备具备投融资和工程建设管理能力的管理、技术、财务等专业人员，并按实施机构的要求定期提交财务状况资料，包括财务报表、资产负债表、利润表等，接受实施机构的监督和监管。项目公司还需负责编制投资计划、进度计划、工程竣工资料、工程决算报告、统计报表等，并按规定上报给实施机构及相关部门。除不可抗力外，项目公司应对现场作业、施工方法等引起的工程稳定性、完整性和安全性负责，并对施工过程中的重大问题及时向实施机构和有关部门汇报。

总之，项目公司需严格按照合同和法律规定，履行其全部义务，促进项目建设和运营的顺利进行，并为项目设施的最终移交奠定坚实基础。同时，项目公司还应行使法律、法规及 PPP 项目合同赋予的权利，确保项目合法合规运营与管理。

3.4　政府方与社会资本方职责边界的协调机制

在 PPP 项目中，政府方与社会资本方的职责边界划分及协调机制至关重要。该机制的建立不仅确保了资源的高效利用，还能在项目全生命周期内促进各方密切合作，提升项目管理的效率和质量。下面将通过分析政府方和社会资本方在资源整合、风险分担、效率提升等方面的协调机制，探讨如何通过沟通、评估、争议解决等手段，确保项目的顺利实施和长期运营。

3.4.1　职责边界协调机制的内容

政府方与社会资本方在 PPP 项目中的职责划分与协调机制，旨在通过多方协作，促进项目的高效管理和资源合理配置，确保各方利益的平衡。结合小浪底北岸灌区工程 PPP 项目的合同体系及政府相关文件，职责边界协调机制具体体现在以下几个方面。

（1）资源整合：政府方与社会资本方通过合作，实现资源优化整合，推动大规模项目的顺利实施。例如，在小浪底北岸灌区工程中，社会资本方负责项目资本金的筹集与工程建设支持，确保资金及时到位。政府方则提供政策和行政支持，促成社会资本的有效利用，形成协同效应，提升项目整体执行力。

（2）风险分担：通过职责边界的明确划分，政府方和社会资本方共同承担项目的风险。政府方通过实施机构对融资、施工安全、环境保护等进行监督，减少了社会资本方在运营过程中的不确定性，降低了项目失败的风险。通过合作，双方有效分担项目中的投资风险、建设风险和运营风险，保障项目在投资、建设、运营各阶段的顺利推进。

（3）效率提升：社会资本方的市场化运作机制与政府方的公共服务责任相结合，极大提升了项目的效率。例如，项目公司在项目建设期间承担融资、施工管理和安全生产责任，保证工程按时完成，而政府方则通过监督工程进展、确保资金使用合理等方式，为项目高效实施提供支持。

（4）创新促进：社会资本方通过引入市场化的商业思维和技术创新，推动项目进展并提升服务质量。例如，社会资本方通过高效的融资措施和施工技术创新，保证工程质量和效率。政府方则通过实施创新的监管和评估机制，确保项目能够满足公共利益需求，提升公共服务的水平。

（5）不足弥补：在资源调配和管理上，政府方可能面临资源局限，社会资本方则能够填补这些缺口。以小浪底北岸灌区项目为例，社会资本方负责及时筹集项目所需的资金，避免由于资金不足导致的工程进度延误。通过政府方和社会资本方的合作，可以弥补单方在资金、技术和管理方面的不足，完成项目目标。

职责边界协调机制的核心要素包括：

（1）明确各方职责：政府需制定清晰的政策和法规，确保社会资本方的投资、管理和运营职责。例如，《小浪底北岸灌区工程PPP项目合同》明确了项目公司作为法人负责筹资、施工和运营，政府通过实施机构负责监督项目全生命周期内的各项工作。

（2）建立有效的沟通渠道：通过定期沟通机制确保双方及时共享信息并解决问题。小浪底北岸灌区项目要求定期召开协调会议，审查项目进展、风险管理和重要事项，以确保双方始终保持合作状态。

（3）定期评估和监控机制：通过设置关键绩效指标（KPI）及定期评估，确保项目按预期推进。例如，政府方需监督项目公司的工程进度、质量控制及资金使用情况，确保项目符合合同要求。

（4）争议解决机制：合同明确了争议解决的流程，包括设立争议评审小组，成员通常包括项目公司、政府方、法律顾问和技术专家等，确保争议能够透明、高效地解决。通过这些机制，政府方和社会资本方能够及时化解合作中的潜在风险，保障项目的稳步推进。

通过这些协调机制，PPP项目在职责划分明确的前提下，实现了资源的高效利用、风险的合理分担、效率的有效提升和创新的持续推进。

3.4.2 小浪底北岸灌区工程职责协调机制

小浪底北岸灌区PPP项目的职责协调机制是项目顺利实施的重要保障。该机制通过成立协调领导小组、明确争议解决方式、实施征地拆迁协调机制等手段，促成了政府方与社会资本方的高效合作。

3.4.2.1 成立协调领导小组

为加快推进小浪底北岸灌区工程建设，保障项目顺利实施，河南省人民政府依据《河南省人民政府办公厅关于成立省十项重大水利工程建设协调领导小组和工程项目建设推进小组的通知》的相关要求，决定成立“河南省十项重大水利工程建设协调领导小组”，同时设立工程项目建设推进小组。

领导小组由河南省水利厅、河南省自然资源厅、河南省财政厅等相关部门组成，负责全省范围内水利工程的整体规划与协调，确保项目建设符合国家和省级相关政策要求。领导小组的办公室设在河南省水利厅，其主要职责包括：协调跨部门事项，如土地审批、文物保护等，确保项目符合法律和政策要求；解决施工过程中遇到的重大问题，如征地拆迁、社会稳定等，确保项目按期推进；定期召开会议，评估项目施工进度、质量和资金使用情况，及时发现并解决项目中出现的问题。

3.4.2.2 明确争议解决方式

《小浪底北岸灌区工程 PPP 项目合同》不仅明确规定了双方在项目建设过程中遇到争议时的处理方式，还详细描述了实际操作流程和机制。根据合同条款，双方应首先通过友好协商解决争议。具体来说，项目各方需组织高层管理人员会谈，分析争议产生的原因和可能的解决方案，尽最大努力达成一致意见。如果双方能够通过协商达成共识，需及时签订补充协议，并严格按照补充协议的规定执行。

在实际操作中，项目公司和政府方共同建议建立“全过程争议评审机制”和“单项争议评审机制”，以确保对争议事项的审查和解决更加高效、透明。合同明确规定了争议评审小组的构成，该小组通常由项目公司、政府方、法律顾问、技术专家等多方组成，成员的具体资格条件由双方在协议中详尽说明。此外，争议评审的时间、期限也在合同中有所规定，以确保争议能够在合理期限内得到解决，避免项目进度延误。

当项目建设过程中遇到不可抗力时，如极端自然灾害或政策变动，合同规定了详细的应对措施。首先，受影响的一方应尽快通知另一方，并尽最大努力减少不可抗力的负面影响。双方需紧急召开协调会议，共同评估不可抗力事件的影响，并商讨具体的补救计划和替代措施。补救计划包括调整施工进度、增加资源投入等，以尽量减少不可抗力造成的损失。同时，双方还应根据合同中的风险分担条款，确定不可抗力期间的责任划分及后续补偿方案。

3.4.3 职责协调机制的具体履行

3.4.3.1 工程变更管理与成本控制机制

在小浪底北岸灌区 PPP 项目中，工程变更管理是重要的协调机制之一。根据合同规定，项目施工过程中任何工程范围、设计或技术规格的调整都必须经过严格的审批流程。变更申请需由施工方提交，内容包括变更理由、变更的详细说明、价格估算及相应的时间调整。项目监理单位和政府方会在规定的期限内审核这些变更，确保变更内容合理且对项目成本和工期的影响降至最低。通过这一机制，政府方与项目公司能够有效地协调工程中的任何变动，保障项目按时、按质完成。具体协调流程包括以下几个步骤。

（1）变更申请：施工方在发现有变更需求时，需及时向项目监理单位提交变更申请。申请内容应详细列明变更理由、具体变更内容、价格估算及相应的工期调整建议。

（2）审核与审批：项目监理单位和政府方需在规定的期限内，对变更申请进行审核。审核过程中，将综合考虑变更对项目成本、工期及施工质量的影响，以确保变更的合理性。

（3）决策机制：如需对变更进行审批，政府方与项目公司需建立联席会议制度，针对重要变更事项进行集体决策，确保各方的利益得到合理保障。

（4）实施与反馈：经过审批的变更需及时实施。施工方在实施过程中，应将变更的执行情况定期反馈给监理单位及政府方，以便进行后续的监督与调整。

3.4.3.2 环境保护措施的协调与监管机制

环境保护是 PPP 项目中政府与社会资本方紧密协调的重要领域之一。在小浪底北岸灌区工程中，合同明确规定了环保措施的落实及监督机制。通过这一机制，确保了项目建设过程中的环境可持续性。在项目的实施过程中，环境保护协调机制主要包括以下内容。

（1）环保措施落实：施工单位负责制订详细的环保方案，包括噪声、粉尘控制、建筑垃圾处理及水源保护等措施。这些方案需在项目开工前提交给政府方审核。

（2）定期检查与评估：政府方通过其环境监管机构，定期对施工现场进行检查，确保施工过程中落实环保措施，评估其对周边生态环境的影响。如发现环保措施未按要求实施，政府将责令施工单位立即整改，并采取必要的处罚措施。

（3）问题处理与报告机制：在施工过程中，若发生环保问题，项目公司需立即采取补救措施，并向政府报告问题处理结果，确保问题得到及时解决，并防止对环境造成进一步损害。

（4）公众参与与反馈：政府方鼓励公众参与环境保护的监督与反馈，通过设立投诉热线及意见箱，收集居民对施工期间环保措施的意见和建议。

3.4.3.3 征地拆迁与安置的协调与保障机制

征地拆迁协调工作是小浪底北岸灌区 PPP 项目实施中的重要协调机制。河南省海河流域水利事务中心与济源市人民政府、焦作市人民政府签订了征地拆迁安置责任书，明确各方的职责与义务。在项目实施过程中，政府负责统筹协调征地拆迁工作，确保项目公司与市县级政府紧密配合，保障项目用地的及时交付。

为妥善解决拆迁安置问题，政府定期召开协调会议，讨论资金拨付、安置进度等事项，并监督拆迁资金的使用情况，确保补偿款及时发放给被安置居民。此外，政府还推行多渠道就业安置政策，为拆迁居民提供低保和社保支持，帮助他们顺利过渡。

《小浪底北岸灌区工程 PPP 项目合同》中规定，河南省海河流域水利事务中心作为河南省政府授权单位，负责项目的准备、采购、监管和移交，河南省海河流域水利事务中心与济源市人民政府、焦作市人民政府签订相关责任书，协调市县级政府的征地拆迁工作。河南省海河流域水利事务中心与项目公司共同解决重大征地拆迁问题，承担补偿费标准等可控的政策性风险，且双方共担相关进度风险。

在《河南省小浪底北岸灌区工程征迁安置工作责任书》中，明确了由双方协调解决的重大问题，并报河南省人民政府决定。该工程涉及济源示范区和焦作市的 4 个市（县）、29 个乡（镇）和 237 个行政村，影响近万户农民，需征地 12 000 余亩，迁建 1 600 余处，协调任务繁重。

在工程开工前，政府组织项目公司、征迁设计、监理等单位深入一线，开展实物复核及调查，现场解决征地难题。为确保征迁资金的规范使用，维护群众利益，政府对 5 个市（县）、11 个乡（镇）、28 个行政村及 84 户被征地农户进行资金抽查，重点检查资金使用情况和档案管理工作，及时反馈并要求限时整改。

截至 2022 年，政府共召开征迁工作推进协调会 20 余次，解决征迁问题 150 余项，成功移交永久用地 300 余亩、临时用地 500 亩。

征迁具体措施如下：

（1）推进会议。焦作市和济源示范区领导多次主持召开征迁工作推进协调会，安排阶段性任务，明确各相关单位和乡镇的工作目标和时间节点。

（2）农村移民安置。移民生产安置不再以大农业安置为主，而是将符合条件的村民纳入城市低保范围。无劳动能力的人群优先安排低保，并参与社会统筹保险。对移民村庄，优先安排教育、养老、保险及基础设施建设项目，推动城乡一体化发展。同时，鼓励村民自主创业、自主经营，县政府及相关部门将根据国家政策提供资金及政策支持。

3.4.3.4　资金管理与监督的协调机制

在小浪底北岸灌区 PPP 项目中，资金管理是确保项目顺利实施的关键。合同规定，项目公司需要建立完善的资金管理体系，并定期向政府方提交资金使用报告，包括项目资金流动情况、投资数据及审计后的财务报表。政府方通过指定的审计机构，定期对项目公司的资金使用进行监督，保证资金使用的透明度和合规性。如果项目公司未能及时获得政府拨付的资金，仍需继续保证工程的正常推进，并根据实际情况向政府提出工期调整申请，避免因资金问题导致的工期延误。资金管理与监督协调机制主要涵盖以下几个方面。

（1）资金管理体系建立：项目公司需根据合同要求，建立健全资金管理体系，包括资金使用流程、审批权限及责任分配等，并定期向政府方提交资金使用报告。

（2）报告内容与审计：资金使用报告应详细列出项目资金的流动情况、投资数据及审计后的财务报表，确保信息的透明性与准确性。政府方通过指定的审计机构，定期对项目公司的资金使用情况进行审计。

（3）资金拨付与应急处理：在项目实施过程中，若项目公司未能及时获得政府拨付的资金，应确保工程的正常推进，必要时应向政府提出工期调整申请，以避免因资金问题导致的工期延误。

（4）监督机制与反馈：政府方通过定期检查、现场审计等方式，监督项目公司的资金使用情况，并对资金使用中的异常情况进行及时反馈与纠正，确保资金使用的合规性。

3.4.4　协调机制经验总结

通过小浪底北岸灌区工程 PPP 项目的实施，可以总结出一套行之有效的协调机制，保障政府方与社会资本方之间的紧密合作，确保项目顺利推进并成功落地。

3.4.4.1　明确职责边界

在项目实施过程中，各方的职责和权限需清晰界定。政府方与社会资本方的职能分工必须明确，以确保每个参与方在其职能范围内承担相应的责任。这种明确的职责划分为项目的顺利实施奠定了基础。

3.4.4.2　有效的沟通与协调机制

定期举行项目例会、进度沟通会议及跨部门协调会议，有助于确保信息的及时共享与问题的迅速解决。这种沟通机制不仅有助于各方在各个阶段保持良好的合作状态，还显著提高了项目的执行效率。制定明确的沟通流程与责任分工，有助于快速、准确地处理信息流通与问题反馈。

3.4.4.3　信息共享与记录保存

注重会议纪要、工作汇报等沟通记录的妥善管理，既为后续工作提供重要参考，也便于双方对问题进行回顾和解决。通过有效的信息共享，使项目的协调和管理得以优化。

3.4.4.4 合理的争议解决机制

合同中规定的争议解决机制为各方提供了清晰的解决路径，能够快速处理项目中出现的争议，避免对项目正常实施产生影响。

3.4.4.5 征地拆迁与资金管理的严格监督

在征地拆迁过程中，政府方通过严密的协调机制和资金监督，确保了项目土地使用的及时交付和拆迁资金的合理使用，保障了农民利益，促进了项目的顺利推进。

3.4.4.6 绩效评估机制的建立

通过共同制定项目目标并定期进行绩效评估，能够有效衡量项目进展，及时调整策略以应对变化。该机制确保了项目目标得以实现。

3.4.4.7 重视长期合作关系的建立

政府与社会资本方的长期合作不仅有利于当前项目的成功，还为未来的合作奠定了信任与理解的基础，从而形成稳定的合作模式。

总的来看，完善的职责协调机制、科学的沟通与监督体系是确保 PPP 项目成功实施的关键。通过这一系列的协调机制，小浪底北岸灌区 PPP 项目实现了各方的利益平衡，保障了项目的高效推进和稳定运行。

3.5 政府方职责履行的监督与评估

在小浪底北岸灌区工程 PPP 项目的建设过程中，政府方采取了一系列监督与管理措施，以确保项目按合同要求稳步推进。通过科学合理的监督评估机制，政府方不仅要确保项目公司履行职责，还要确保工程质量、安全、资金管理等各方面的合规性。以下从绩效考核、合同履约管理、防汛管理、土地使用证办理及征地安置、项目移交等方面展开详细描述，突出政府方在 PPP 项目中的监督与管理作用。

3.5.1 绩效考核和项目监管

政府方通过定期的绩效考核和项目监管，确保项目公司严格遵循合同要求。绩效考核不仅评估项目公司的工程管理，还在资金使用、质量安全、施工进度等方面进行全面监控。政府方通过这些措施，确保项目符合建设标准并按计划推进。

2019 年 4 月，河南省海河流域水利事务中心委托北京中建政研信息咨询中心为小浪底北岸灌区工程 PPP 项目提供咨询服务。受托人委派了财务、法律、金融、工程技术等方面的人员，以政府方提供的项目资料为基础，结合项目实际情况和受托人从事类似项目的咨询经验，依据国家现行法规和 PPP 相关政策，编制了小浪底北岸灌区工程 PPP 项目的“两评一案”，即《小浪底北岸灌区工程 PPP 项目财政承受能力论证报告》《小浪底北岸灌区工程 PPP 项目物有所值评价报告》《小浪底北岸灌区工程 PPP 项目实施方案》。

“两评一案”通过对小浪底北岸灌区工程 PPP 项目实施的背景及概况、风险分配基本框架、项目运作方式、交易结构、绩效考核、合同体系、监督架构、项目采购、长效运营机制、信息公开、项目示范推广价值及财务测算分析，论证本项目采取 PPP 模式的可行性和必要性。“两评一案”的制定，为本项目成功采用 PPP 模式进行投融资、建设、运营、移交提供理论和现实支持，并为本项目提出了明确的解决路径和推进时间，以及清晰准确的方案依据。

3.5.2　工程变更与合同履约管理

项目实施过程中不可避免会遇到一些变更和调整。政府方通过严格的变更管理和合同履约监督，确保项目进展顺利，规避因工程变更导致的成本超支或工期延误。

（1）专题会议解决问题。针对复杂的施工环境，如隧洞工程，政府方组织各参建单位召开专题会议，研究如何应对施工难点、处理险情并制定赶工措施。通过明确责任分工、制定解决台账和时间节点，确保问题快速得到解决。

（2）施工现场检查与整改。政府方联合项目公司、监理单位定期检查施工现场，确保安全施工、环保措施落实到位。例如，检查内容涵盖基坑防护、临时用电、脚手架搭建、工人营地管理等，确保工程在安全可控的环境下推进。

（3）隧洞施工难题的应对。隧洞施工是项目中难度较大的部分，政府方组织专家进行现场指导，并提出“一洞一策”的方案。通过采取“短进尺、强支护、勤观测、保安全”的原则，科学调整工序，保障施工安全与进度。

（4）蔡湾调蓄池的工作专班。为确保蔡湾调蓄池工程按计划推进，政府方成立了“蔡湾调蓄池工作专班”，每日推进征迁工作，并定期与相关政府部门召开进展汇报会，及时协调解决工程中遇到的难点问题。

此外，政府方还在 2020 年 1 月制定了《小浪底北岸灌区工程 PPP 项目工程计量签证管理制度》，确保项目工程量的准确性和合理性。通过四方联合测量（实施机构、项目公司、监理单位、施工单位），政府方确保工程量的计量、签证和支付严格按照施工图纸及合同要求进行，避免不合理的超挖、超填现象，提高了资金的使用效率和透明度。

本制度的主要内容如下：

（1）现场测量。工程开工前及施工过程中，施工单位应提前通知监理单位对原始地形图或断面、地质分界线及其他需测量的部位进行现场实测；监理单位收到通知后，应组织实施机构、项目公司、施工单位进行四方联合测量，四方共同签字确认的测量数据方可作为工程量计算依据。

（2）工程量签证。施工单位依据施工图纸（设计变更通知单）、工程量清单、技术标准和要求、测量成果等计算工程量，并向监理单位提交工程量计量资料；监理单位审核完成后，提交至项目公司审核；项目公司审核完成后提交实施机构；实施机构审核工程量计量资料；当分次累计工程量与按完成施工图纸所示及合同文件规定计算的有效工程量不一致时，以按完成施工图纸所示及合同文件规定计算的有效工程量为准；除合同另有约定外，凡超出施工图纸所示的有效工程量以外的超挖、超填工程量，施工附加量，加工、运输损耗量等均不予以计量；变更项目应有批准的设计变更文件方可按照上述程序进行工程量签证。

此外，本制度附件中的项目管理细则涵盖了土方明挖的计量和支付、石方开挖的计量和支付、施工导流的计量和支付、地下洞室开挖的计量和支付、支护的计量和支付、地基及基础工程、土石方填筑工程的计量和支付、混凝土工程的计量和支付、道路工程的计量和支付、砌体工程的计量和支付、管道工程的计量和支付、钢结构的计量和支付、闸门和启闭机的计量和支付、预埋件的计量和支付、水机设备的计量和支付、消防及暖通的计量和支付、灌区管理自动化系统建设的计量和支付、房屋建筑的计量和支付、桥梁工程的计量和支付、工程安全监测的计量和支付、水土保持工程的计量和支付、环境保护工程的计量和支付、施工安全措施费的计量和支付等内容。

3.5.3 防汛度汛管理

防汛度汛管理是确保项目在恶劣自然条件下安全推进的重要环节。政府方与项目公司合作成立了防汛度汛工作领导小组，该领导小组负责制订度汛方案和超标准洪水应急预案，并在主汛期前进行全面检查。

具体实施措施包括：

（1）预防与检查。在汛期前，政府方组织参建单位检查防汛设施、物资储备及应急预案的落实情况，确保所有防汛措施提前到位。

（2）风险排查与整改。在主汛期前，政府方牵头对重要防汛风险点进行专项检查，针对检查中发现的问题建立整改台账，明确责任人、整改时限，并下发整改通知，确保问题及时得到解决。

3.5.4 土地使用证办理及征地安置

在项目建设过程中，政府方积极推进土地使用证的办理和征地拆迁安置工作，协调多个行政单位和部门，解决办理过程中遇到的复杂问题，保障项目顺利实施。

土地使用证的办理涉及多个环节，包括权籍调查、地图绘制、提交材料和发证等。政府方通过与市县级政府合作，解决了各地在税费、政策及调查要求上的差异，确保不动产证办理顺利推进。

土地不动产证办理过程中存在以下问题：

（1）协调任务重。由于工程涉及多个县市、乡镇和行政村，以及铁路、公路等“四邻”单位，权籍调查过程中的签字盖章环节成为难点。

（2）税费及政策差异。各县市在税费征收、免税证明办理、权籍调查要求等方面存在差异，给不动产证的办理带来额外困难。

（3）票据原件问题。耕地占用税、开垦费、社保金等税票原件唯一，办理过程中需多方协调，使用复印件加盖公章代替原件。

（4）权籍调查协调困难。由于“四邻”过多，涉及单位众多，签字盖章过程烦琐，影响办理进度。

为推动土地使用证的办理，河南省海河流域水利事务中心积极作为，采取了以下应对措施：

（1）多部门协调、跨部门合作。由于土地使用证办理涉及多个市县、乡镇和单位，政府方应积极协调各级部门，通过多次会议和现场调查解决签字盖章等难题。

（2）应对税费和政策差异。不同县市的税费征收标准和免税政策不一样，政府方通过与相关部门沟通协调，确保政策统一，减少办理难度。

（3）解决权籍调查问题。土地权籍调查需要与多个单位协调，政府方组织相关单位进行全面调查，确保土地范围和权属清晰，为不动产证办理提供准确依据。

3.5.5 项目移交工作

在项目即将竣工时，政府方组织项目移交工作，确保工程设施完好、资产安全，并确保国有资产不受损失。2021 年 1 月，政府方与项目公司及地方政府签署了《小浪底北岸灌区一期工程移交协议》，明确了各方在移交过程中的责任和义务。

具体措施包括：

（1）政府方。政府方（河南省海河流域水利事务中心）负责协调项目公司与济源市办理一期工程移交事项和承继事项；协调一期工程总投资的认定和解决，包括小浪底北岸灌区工程 PPP 项目初设批复的概算投资 4.943 5 亿元和超概部分资金；负责一期工程超概部分资金解决问题，完成报请河南省水利厅审查、河南省审计厅审计、河南省财政厅审批以及上报河南省政府研究等，明确解决方案，并牵头协调推进方案落实到位。

（2）项目公司。项目公司负责支付一期工程移交资金，并在项目移交后负责其运营管理，确保设施的持续运营和维护。

（3）其他利益相关方。一期工程按照在建工程进行法人间的移交，由原法人济源水务公司移交给项目公司。济源水务公司负责完成竣工验收前各项工作，负责制订一期工程移交清单，就相关建筑设施、固定资产、相关档案及各项权益等与项目公司履行移交手续；负责协助项目公司与小浪底水利枢纽管理中心签订小浪底北岸灌区渠首取水闸委托管理协议；按照工程质量责任终身制的要求，济源水务公司仍对一期工程质量负责，如若出现重大、较大等质量问题，济源水务公司负责组织相关责任单位处理。

通过上述措施，政府方在 PPP 项目的监督与评估过程严格履行了合同中的各项职责。通过有效的绩效考核、工程变更管理、防汛管理、土地证办理及项目移交工作，政府方确保了项目的顺利推进和资产的有效保护，最终达成了项目的成功实施和长效运营。

3.6 本章小结

本章深入探讨了小浪底北岸灌区 PPP 项目中政府方与社会资本方的职责边界，界定了项目各参与方的核心职责与义务。依托 PPP 项目理论基础，剖析了政府方、社会资本方及公众的利益目标，并探讨了划分职责边界的有效方法与工具。对小浪底北岸灌区 PPP 项目中政府方、社会资本方及项目公司的职责进行了详尽的划分，并强调了合同体系在其中的关键作用。同时，讨论了通过沟通机制、风险管理和绩效评估等措施，进一步优化职责边界的划分与协调。通过这些明确的职责界定和协调措施，小浪底北岸灌区 PPP 项目能够有效利用资源，提高项目管理效率与质量，确保项目顺利实施及长期稳定运营。

第 4 章　决策与建设期政府监管措施研究

4.1 概　述

4.1.1　政府监管基本概念

随着 PPP 模式在基础设施建设和公共服务领域的广泛应用，确保项目的透明性、效率性和可持续性成为了政府的核心任务。政府的监管不仅包括项目的前期规划和招标阶段，还涵盖了合同执行、运营管理及最终的项目评估和交接阶段。在项目的全寿命周期内，政府需建立健全的监管体系，以确保社会资本方在实施过程中遵循法律法规、履行合同义务，并实现公共利益的最大化。有效的监管措施可以及时识别和解决潜在风险，提升项目的整体绩效，同时也为各方建立了信任基础。因此，探索适应 PPP 项目特点的政府监管机制，既是保障项目成功的必要条件，也是促进公共服务质量提升和社会经济发展的重要手段。

“监管”一词源于英文“regulation”，被翻译为监督、监视管理。在我国对于“政府监管”，不同的领域、不同的学者各自有不同的解释与理解，但它们也都存在着相同的地方，那就是政府机构以法律规定为依据，通过对企业的各种市场行为进行监督，必要时采取相应的措施进行管理，从而保障企业和公众的合法权益、市场的有序运转及社会经济的稳定安全。

目前，小浪底北岸灌区工程 PPP 项目正处于建设阶段，故本书所指的政府监管是以项目决策与建设期（即项目决策阶段、建设阶段）为研究对象，以保障项目顺利建设并投入运营为出发点，以相关法律规范为约束，以《小浪底北岸灌区工程 PPP 项目合同》为依据，从投资控制、进度控制、质量与安全控制等方面对小浪底北岸灌区工程 PPP 项目合作关系中项目公司（河南水投小浪底北岸灌区工程有限公司）的相关行为进行监督，必要时采取相应的措施进行管理，以达到保障项目顺利实施的目的。

4.1.2　PPP 项目政府监管主体

国家发展和改革委员会公布的《基础设施和公用事业特许经营管理办法（2015）》对监管机构作出以下规定：“国务院发展改革、财政、国土、环保、住房城乡建设、交通运输、水利、能源、金融、安全监管等有关部门按照各自职责，负责相关领域基础设施和公用事业特许经营规章、政策制定和监督管理工作，县级以上地方政府应当建立各有关部门参加的基础设施和公用事业特许经营部门协调机制，负责统筹有关政策措施，并组织协调项目实施和监督管理工作。”

目前，我国PPP项目政府监管部门可以分为三类：①相关行政部门，包括国家发展和改革委员会、财政部及地方建设管理部门；②司法和立法机构，负责相关法律问题审核；③政府内部的监察机构，负责对政府自身监管行为进行监督。

根据小浪底北岸灌区工程实际，结合灌区内自然条件和现状灌排运行体系，为了统一管理和调配好灌区的有限水资源，充分发挥灌区效益，更好地为所辖区域经济建设和社会稳定发展服务，根据《中华人民共和国水法》、水利部《关于水利工程分别管理职责划分的若干规定》等法律、法规和要求，河南省人民政府授权河南省海河流域水利事务中心（隶属于河南省水利厅）作为小浪底北岸灌区工程 PPP 项目的实施机构，负责项目的监督及移交等工作。

4.2　现状分析

4.2.1　国内外研究现状

4.2.1.1　国内研究综述

近年来，随着我国将 PPP 模式引入基础设施和公共服务领域的项目案例越来越多，PPP 模式已经在我国各地被广泛运用。在 PPP 模式不断发展的同时，政府监管就显得尤为重要，我国学者对 PPP 项目中的政府监管问题也进行了相关的研究。

从政府监管理念的角度研究，马晶（2008）认为，在公共基础设施建设中鼓励私人资本的参与，必然会使政府部门和私人资本的关系发生变化，导致政府的角色发生转变，由原来的公共服务的提供者变为监管者。政府需要在 PPP 项目运行过程中注意自身角色的转变，成为 PPP 项目的组织者和监管者，发挥好政府监管职能。从政府职责的角度研究，陈婉玲（2014）也指出了政府部门在 PPP 项目中的监管职责。公共产品和公共服务本应由政府部门提供，但因此带来的巨大财政压力需要适当地引入社会资本，这就要求政府部门加强对社会资本的监管，将项目的建设和运营交给私人部门，而政府要做好对私人部门的监管，避免私人部门因缺乏监管而产生过度盈利和偷工减料行为。从政府监管过程的角度研究，王守清（2014）提出政府监管应该涉及 PPP 项目的全过程，不能只关注某一环节，而忽略其他环节的监管，同时应加强 PPP 项目具体实施过程中的动态监管。他指出，PPP 项目的所有权始终在政府手中，私人部门只是承担公共基础设施的建设工作，最终提供公共产品及服务的主要责任主体还是政府。因此，政府必须要严格监督项目及服务的质量，控制产品的价格在合理的范围内，以保障公众的公共利益。同时，仇保兴、王俊豪（2014）认为，不仅政府监管行为需要贯穿 PPP 项目全周期，监管责任也应该贯穿 PPP 项目运行的整个过程。政府的监管责任应明确政府对 PPP 项目的准入监管，建设过程中的绩效监管，项目移交过程中的审核监管等。

4.2.1.2　国外研究综述

在对 PPP 项目政府监管的研究上，国外运用 PPP 模式提供公共产品和公共服务的实践案例较多，学者对 PPP 模式的研究也相对较早，因此在实践基础上形成的 PPP 理论也较丰富。Stern（2003）认为应以降低项目总资金成本、性价比高的服务价格，以及满足私营部门合理收益预期等，为目标综合考虑建立监管体制。萨拉蒙认为，在为公众提供公共产品的过程中，美国政府承担项目前期注入资本金、监督项目的任务，由第三方承担具体的公共服务职责。Lohmann 和 Rötzel（2014）通过实证研究，指出政府部门的监管能有效控制私有机构的机会主义行为，监管是治理 PPP 项目的必要手段。Zaato 和 Hudon（2015）指出政府监管的目标应是权责清晰、管理透明及实现物有所值。Tijhuis（2015）认为政府部门在选择合作伙伴时应当制定合适的标准，严格把关私人机构的准入。Pusok（2016）通过对水务设施 PPP 项目的研究，认为私有机构的参与行为与政府部门监管有关，政府部门监管不到位乃至出现腐败状况，私有机构就可能出现损害公众利益的行为，反之政府部门监管到位、不出现腐败状况，私有机构则会采取对项目有积极影响的行为。

从国内外 PPP 模式实践及学术界的理论研究可以看出，在 PPP 项目中加强政府监管早已引起相关学者的重视，相关的研究也较为丰富，但是缺乏从政府角度对 PPP 项目全生命周期监管措施进行研究，同时缺乏对灌区工程 PPP 项目的政府监管的研究。

4.2.2 典型国家政府监管经验借鉴

4.2.2.1 典型国家 PPP 项目案例

1970 年以来，国外许多国家在公共事业中引入社会资本，让社会资本参与到公共产品和公共服务的供给，政府也由原来的公共物品和公共产品的提供者转变为监督者，由亲力亲为转变为掌舵者。社会资本的引入减轻了政府的财政压力，转变了政府的监管方式，扩大了政府的监管范围，在实践基础上形成了政府监管的经验，发挥了政府和社会资本的优势，让更多社会资本参与到公共产品和公共服务的供给中，提高供给效率，满足公众需求。

1. 英国

1980 年，英国对国家的公共事业进行重大改革，改革的重点放在电信、煤气、自来水和电力供应、交通运输等利民方面。1992 年，英国就开始采用 PPP 模式开展基础设施建设，首次提出 PFI，是较早在基础设施领域使用 PPP 模式的国家。在 PFI 实施 20 年后，2012 年，英国财政部进一步推出 PF2，PF2 最大的优势是不仅可以解除资金紧缺，还有利于发挥私人资本的主动性。

英国在公共事业中运用的 PPP 模式成功项目较多，其中具有代表性的就是伦敦地铁。1997 年，英国地铁面临投资严重不足的情况，为改变这一现状，英国政府在对比分析了多种方案后决定运用 PPP 模式，对整个地铁系统进行升级改造。考虑到政府财政不足的问题，伦敦地铁公司为避免项目建设的长周期和高成本，就将地铁系统的初期建设、中期维护以及公共产品和服务的供应工作，以特许经营权的方式转给了基础设施建设公司，于 2002 年 12 月和 2003 年 4 月正式签约，有效期为 30 年。地铁的正常运营和收费问题均由伦敦地铁公司控制，而 PPP 公司的回报是由政府固定支付和业绩支付两部分组成，这样一来，不仅解决了政府资金短缺的问题，还简化了政府对地铁具体事务的管辖，节约了行政成本。英国 PPP 模式的成功运用充分体现了英国政府对项目的监管，完善的法律体系以及细致的政府监管，为 PPP 模式在英国的发展提供了基础。

首先，健全法律法规，使现有的法律体系更细致、更明确，对公共事业的指导更具有针对性。英国出台具体的政策和指南来规范 PPP 模式的运行，虽然没有出台统一的 PPP 大法，但是 PPP 相关政策和指南非常细致完善。英国采取立法先行策略以便让改革的法律依据和实施程序更加明确化、清晰化，由此制定了细致且完善的法律体系。2003 年出台的《PFI：适应投资挑战》，对政府责任做了明确的规范；2006 年出台的《PFI：加强长期合作》，进一步明确政府与企业合作伙伴的选择标准；2008 年出台的《基于长期价值的基础设施采购》，对 PFI 模式中项目的监管以及项目的采购方面作了具体要求。我们可以看到，英国政府 3—5 年就会出台新的法律法规，对新出现的现象做出规范，详细、完善、全面的法律体系为政府对公共事业实行监管提供了法律基础。

其次，设置独立的监管机构。英国出于对本国国情的考虑，对公共事业采用符合国家制度的垂直监管模式。设置了全国性的统一监管机构，并在不同领域设置了分支监管机构，产业负责人由国务大臣严格挑选，负责整个产业的运行情况。负责人的职责包括企业经营许可证的发放，企业产品价格的管制及生产产品的质量保障。例如水服务行业的监管负责人，既有环境部门作为水服务行业监管的统一性监管机构，同时又细分为环境部门、经济部门及饮用水质量部门三个独立的监管机构，负责不同的监管事项，承担不同的监管职责。

最后，实行有效竞争和最高限价监管政策。在管制方法上，为了最大限度地增加竞争的优势，会采取一系列激励性管制手段在公共事业中引入竞争，合理确定竞争的最高限价，在此基础上追求利润的最大化，获取更多的收益。同时会加强社会监督，为最大限度地保持公平、公正、公开，建立健全听证制度，在制定涉及公众利益的公共政策时，邀请公众参与听证会，发表意见，自觉接受群众监督。

2. 美国

1970—1990 年，美国联邦政府就开始尝试着放松对经济的监管，交给市场去运行，特别是涉及公共服务的民生领域，鼓励私人资本参与公共服务和公共产品的提供，利用市场竞争降低公共产品和公共服务的供给价格，发挥社会资本的优势，提高公共产品和公共服务的供给效率，满足公众对公共服务的需求。

设置独立的监管机构。独立监管机构通常由 5—7 名成员组成。每个成员必须来自不同的党派，且通常是各个领域的专家、学者或研究员，掌握行业的基本知识，有着深厚的知识底蕴和丰富的实践经验。独立监管机构作为政府监管的执行者，其职权范围广，管理专业化，成为可以和立法、行政、司法三个部门相并列的第四权力部门，可同时行使立法、行政和司法三项管理权限。独立监管机构的职责包括：为企业发放经营许可证、规定公共产品和公共服务的价格、对企业组织内部的规章制度进行审核。独立监管机构对企业建设和运营的全过程进行独立监管，制定符合行业运行的规章制度，明确规定参与企业的合法合规行为，严令禁止企业的不合法行为，让参与 PPP 项目经营的企业可以依照规章制度进行运营。例如，随着 PPP 项目在美国的不断发展，美国的密西西比州于 1884 年在铁路行业设立了最早的监管机构——“密西西比州铁路委员会”，直到 1982

年将高速公路纳入铁路委员会的监管范围。铁路委员会对铁路的所有事项具有绝对的监管权，监管人员不是普通的政府工作人员，而是熟知法律、财务、税收领域的专家，他们利用自身深厚的专业知识对铁路行业进行专项监管。

在监管过程中，依照法律规定和法律程序对公共事业进行全面监管。美国是一个严格按照法律规定行事的国家，在PPP项目中制定了完善的法律规章，使政府工作人员按照法律规定对PPP项目进行监管，私人资本按照法律规定依法办事，社会公众可以有权利有渠道对PPP项目进行监管，使整个PPP项目在建设、运营期间都能实现有法可依。法律法规对监管机构的设置、监管人员职能的权限、监管职责范围的确定、使用的监管方法等方面做出了严格的规定与限制。监管改革的推进以法律为基础，不仅可以促进实行竞争的监管政策，又能使监管的效果得到进一步加强。而对于非自然垄断行业，政府鼓励多方企业参与、公平竞争，迫使企业自行降低运营成本，提高生产效率。对于自然垄断行业，政府应该对企业进行价格监管，价格调控在合适的范围内，保证企业正常运营。

3. 新加坡

1980年末，新加坡为提高公共产品和公共服务的供给效率，推行公共事业领域的发展，在公共事业领域引入PPP模式，进行市场化改革，鼓励社会资本参与到公共产品和公共服务的供给。随后公共事业不断发展，于1990年，再一次强化了市场改革，放宽了公共事业领域市场参与的范围，为PPP模式在新加坡的发展提供政府支持。随着公共事业领域的不断发展，政府也逐渐意识到监管的重要性，于是采取行业纵向一体化监管模式对PPP项目进行全面的监管。

首先，在各个行业领域配备具体的法律制度。随着公共事业将电力、燃气纳入监管范围，新加坡在颁布了《公用事业法》之后，出台了《电力法》《燃气法》等相关法律法规，做到各个领域有其专门对应的法律体系，有法可依。

其次，设置独立的监管机构。在新加坡，分行业建立法定机构负责公共事业进行管理和监督。监管机构是在国家层面由国会设立，依法向国会负责。监管机构层级设置清晰，分别是法定机构委员会，是最高领导和决策权力集中层，对PPP项目进行最高领导和实行决策；总经理对项目进行全面有效的监管；执行任务的下属职能部门，负责PPP项目的具体监管任务。部门人员分工明确，各司其职，提高了行政监管的效率。

最后，实行价格上限监管方法。价格上限监管就是在基础设施领域中保持价格弹性，给企业一个有较大幅度的价格调整空间。价格上限监管采取激励性监管手段对价格进行灵活监管，因此被大多数西方国家采用。新加坡监管机构在涉及价格制定和调整时，召开听证会，将实施调整方案公布，听取公众意见，进行反复修改之后再次征求意见，直到调整的方案得到多数人支持，以此来作为基础设施定价的依据和判定的方法。

4. 韩国

系统的PPP法律制度是韩国政府对PPP项目实施监管的最大特色。韩国设立专门的PPP监管机构负责PPP项目政策的制定和对PPP项目运行进行监管。韩国有关PPP项目政策内容的制定与修订逐渐趋于完备化、系统化、长效化。

首先，设置系统的法律体系。韩国从1994—2005年这10年间根据PPP模式在实践中的运用，建立起一套细致、规范、可操作性强的 PPP 法律体系。1994 年，韩国通过颁布《促进民间资本参与社会间接资本设施投资法》来规范 PPP 项目的实施和管理。2005 年，经过调整修改，出台了《民间参与基础设施法》，对适用民间投资的项目范围、选择适合的 PPP 模式等方面进行了补充和修改。其次是建立专门的 PPP 管理机构。设立了隶属于韩国发展部门的管理机构——韩国公私基础设施投资管理中心（PIMAC），主要负责发布年度 PPP 计划以及编制 PPP 指南，为 PPP 项目提供了具体、详细、可操作强的指南。PIMAC 不仅是 PPP 理论政策的研究制定者，还代替政府机构管理 PPP 项目，推动韩国 PPP 模式的发展。

韩国 PPP 模式呈现明显的国家特色，政府对 PPP 模式的支持力度加大，表现在土地特许权以及财政支持方面。政府加大对 PPP 项目的支持力度，放松对土地的特许权管制。规定特许权获得者可以拥有支配土地的权利，只要拥有特许权就可以对土地进行随意支配；对特许权获得者提供国家政策支持，依法可以获得指定区域的公共产品或公共财产的使用权。在财政支持方面，主要是实行政策倾斜，对 PPP 项目运营公司提供建设补贴、减免税等政策支持。

5. 澳大利亚

澳大利亚优质的地理条件和丰厚的物质条件为公共基础设施和公共服务提供了发展的沃土。在澳大利亚，PPP 模式被广泛运用于公共事业建设，充足的项目实践经验使得发展规模领先于世界其他国家。2001 年，澳大利亚出台《维多利亚合作伙伴政策》，加强政府对 PPP 项目的监管意识，要求政府参与到 PPP 项目的建设和运营中，政府的监管权限也在不断扩大，增添了对公共产品和服务的控制权。得益于政府的大力推进，使得澳大利亚所有的公共服务领域都在运用 PPP 模式，PPP 模式以其优越性给澳大利亚的公共服务带去福利。

澳大利亚公私合作模式发展得比较成熟，关于相关法律法规的设置也带有鲜明的国家特色。一是国家没有统一的专门 PPP 法律，分州开展，各自为战，各州制定政策、指南。澳大利亚政府出台相关公私合作指南，公布相关政策原则，各州根据自身区域特点，灵活开展 PPP 项目，因地制宜出台政策、指南，力求能够对 PPP 项目进行具体指导。二是设置政府监管机构——澳大利亚基础设施管理局，主要发布公私合作指南和标准合同范本，对 PPP 项目进行监管。管理局负责对政策指南进行解释，各地政策指南之间的适用性强，不会出现漏洞，更不会出现找不到法律依据的情况。三是特事特办，为了重大项目的建设，特意制定了详细的法规，设置特有的管理机构。如在 1995 年，澳大利亚为了提高城市连线项目的实施效率，出台了专门的法律——《墨尔本城市连线法案》，设置特有的法定管理局——墨尔本城市连线管理局，主要职责是负责 PPP 项目的合同管理，对 PPP 项目实施全周期的监管；设置职能技术部门——独立评论员办公室，负责评议 PPP 项目的可实施性，对项目实施过程中出现的问题进行技术指导。

澳大利亚在公共设施领域引入 PPP 模式的过程中，强调政府对公私合作中项目的监管作用，明确 PPP 项目的监管主体。政府在 PPP 项目的运行中发挥重要的作用，在国家层面设置澳大利亚基础设施管理局，负责 PPP 项目的准入和建设运营，发布 PPP 项目相关信息，加强对 PPP 项目的筛选，规范 PPP 项目的准入标准；明确政府部门和私人部门各自的职责。政府主要负责项目的政策规划、项目的监管以及项目的验收等，而企业主要负责项目的具体实施，项目的建设、运营、维护等。政府对PPP项目拥有绝对的责任，不管PPP项目在哪个环节出现问题，出现任何风险，政府都是风险的最后承担者。PPP项目的建设和运营不光要看重经济效益，更要把PPP项目的社会效益以及生态效益放在首要位置，在发展PPP项目的同时不能损害公众利益，不能污染环境。

4.2.2.2 政府监管经验借鉴

PPP模式在国外发展迅速，国外政府对PPP项目有着丰富的监管经验，这些宝贵的改革经验对小浪底北岸灌区工程PPP项目政府方监管体制的构建提供理论参考，也有助于政府方建立健全适合小浪底北岸灌区工程PPP项目发展的监管体制。

1. 完善的法律法规是有效监管的基础

根据英美等发达国家运行PPP项目的经验，健全的法律法规可以有效地明确监管机构的权利、义务，以及对PPP项目进行监管的内容和监管的方式方法，尽量做到有法可依，确保政府监管的合规性、合法性以及有效性。因此，建议我国在PPP项目中引入社会资本和市场竞争机制之前，先制定适用的法律法规作为监管依据。明确统一的法律法规不仅能够促使监管者秉公办事，还能规范被监管者的行为，控制私人企业的利益追求，不因盲目追求自身利益而随意定价，损害公众利益。而目前我国在PPP项目的统一立法方面存在不足，未形成全面统一的法律规范，各地政府部门出台的细则衔接不畅，细则规范散落在各地，未能在国家层面形成统一立法。

2. 独立的监管机构是有效监管的重要条件

从其他国家的监管机制来看，每个国家在对PPP项目实施监管时，都有自身比较独特的监管制度和监管方式。政府通过设立独立的监管机构，加强对PPP项目的全面监管，树立监管的权威性，不受其他机构的控制和干扰，能够全心全意实施政府监管。政府实行部门监管时，要确保PPP监管机构能够独立于其他政府和职能部门，拥有对PPP项目的集中监管权，可以明确规定监管对象的行为，也可以严令禁止监管对象的违法行为。为了适应PPP项目在我国的快速发展，加大政府对PPP项目的监管力度，我国政府已经在特定领域中设置监管机构，如在电力行业设置电力监管委员会，电力监管委员会对电力领域中涉及的PPP项目进行统一监管。但在基础设施领域例如轨道交通等，尚未进行独立监管机构的设置。在目前的政府管理体制下，对PPP项目进行监管的主体不是少，而是乱，监管主体较多，监管内容不明确，就会造成各监管机构都对PPP项目有监管权，但也只是该部门的一项职责，并不是全部职责，监管效率低下，权力分散。

3. 公开透明的监管程序是进行有效监管的关键

公开透明的监管程序是PPP项目顺利进行的前提，能保障PPP项目在阳光下运行。将项目信息进行公开，实施公开透明的监管程序，约束PPP项目双方的行为，保障PPP项目可以顺利运行。根据发达国家的经验，在PPP项目建设的初期、中期以及后期三个阶段，每个阶段都应该自觉接受公众的监督。公开透明的监管程序对公众、私人资本和政府都将是利好消息。将项目建设和运营中与公众利益相关的内容进行权威解释和平台公布，让公众了解PPP项目的运行过程，增加对政府的好感和信任度。将程序公开也能够强化政府对私人资本的监管，让私人资本不敢只贪图利益而不顾社会效益，提高私人部门项目建设效率。同时也能够对政府自身行为施压，让政府加强自我管理，避免个别政府监管人员面临利益诱惑时，发生权钱交易的行为，杜绝一切可能影响项目顺利发展的问题，保障程序的公开透明，监管的全面有效。

4. 全方位的监督约束机制是有效监管的保障

PPP 项目从项目识别到项目移交，需要的时间较长，容易导致项目缺乏透明度，达不到预期目标。因此，为了实现 PPP 项目的既定目标，必须建立一套全方位的监督约束机制，按照规定流程对 PPP 项目进行监管，可以有效避免 PPP 项目在运行中因监管机制的缺乏而造成项目的失败。因此，设置全方位的监督约束机制是对 PPP 项目进行有效监管的制度保障。在 PPP 项目的运行中，国家层面上设置的 PPP 监督约束机制负责对 PPP 项目进行全周期监管，掌握 PPP 项目的全流程，实现对 PPP 项目的全面监管，不仅可以约束私人资本的行为，又能够提高市场化效率，维护市场秩序。因此，在小浪底北岸灌区工程 PPP 项目设置全面的监督约束机制势在必行，要考虑到小浪底北岸灌区工程 PPP 项目的实际情况，在综合考量的情况下，从本项目出发，建立适合在小浪底北岸灌区工程 PPP 项目运行的监管机制。

从全世界范围来看，公私合作实践的成败都有规律可循，每个国家对于 PPP 项目的发展有着自己的国家特色，也有与其他国家相同的地方。对于 PPP 项目的发展，几乎所有的国家都认为在此过程中加强政府监管是必不可少的，他们通过设置监管机制、监管机构、监管人员以及监管法律来规范私人资本参与公共项目的效率，保障 PPP 项目的健康运行。而对于小浪底北岸灌区工程 PPP 项目，在保证项目正常运行的情况下，将政府监管实施好，会避免很多潜在问题的发生，促进本项目的长远发展。世界上没有放之四海而皆准的发展模式，本项目可以借鉴外国的经验，但绝不是照抄照搬，应立足于本项目实际情况，制定最合适的监管机制，探索出一条具有小浪底北岸灌区工程 PPP 项目特色的运行期监管模式。

4.3 政府方监管的必要性

（1）政府方监管是解决水价、水质等公共问题的根本保证。当社会资本参与到项目运营后，受利益最大化动机的驱使，存在降低服务质量的风险，甚至可能引发恶性水污染事件，此类案例在现实中屡见不鲜。例如，内蒙古赤峰市曾发生一起因雨水淹没水源井导致的恶性水污染事件，涉事公司为隐瞒水源被污染的事实，仅采取向水井内投放漂白粉等不当措施，导致好几千人就医，造成了极其严重的社会负面影响。此外，在水价方面，社会资本在运营阶段通过特许运营形式实现对项目的实际控制后，社会资本的盈利目标与灌区工程为社会公众提供优质、低价用水服务的目标形成了鲜明的冲突。鉴于此，政府部门需要采取有效手段对小浪底北岸灌区工程的运营进行监管，保障公众的权益。因此，政府方监管机制的建立与实施，对维护公共利益、促进项目可持续发展具有重要意义。

（2）政府方监管是保证项目公共基础性和社会性的必要条件。小浪底北岸灌区工程本身具有其公共基础性和社会性，这就要求政府对其进行全过程的控制与调节。灌区工程作为公共基础设施项目，是生产和生活的基础，是区域地方经济发展的前提条件。灌区工程的社会性体现在工程提供的产品或服务是面向社会每一个人的，每一位居民都有平等的享用权利，属于公众共享的准公共物品。这就决定了小浪底北岸灌区PPP项目营运的效果将直接关系到社会公众的生活质量，关系到社会经济的可持续性发展。因此，虽然PPP模式已逐步被运用到灌区工程的建设运营中，但私营部门对灌区的运营不可能实现完全市场化，灌区工程PPP项目的基础性和社会性决定了政府监管的必要性。

（3）政府方监管是控制小浪底北岸灌区工程PPP项目投资高沉没性和高风险性的需要。小浪底北岸灌区工程PPP项目前期固定资产一次性投资规模较大，且供水渠道系统等固定资产能够使用的场景有限，通常不可能用在其他项目，若项目失败将产生极高的沉没成本。加之，一个完善的灌区供水系统从规划、建设到运行维护，不仅周期长、资金需求量大，且易受诸多不可预估的因素影响。正是由于灌区工程PPP项目较高的资本沉没性和高风险性，一旦运作不畅，将直接影响到社会居民的供水利益，甚至可能引发社会的不稳定。因此，政府必须对该PPP项目实施全生命周期的严格、合理监管，以切实保障公共利益并维护社会和谐稳定发展。

4.4 政府方监管的特点与原则

4.4.1 政府方监管的特点

河南省人民政府授权河南省海河流域事务中心作为小浪底北岸灌区工程PPP项目的实施机构。该机构负责小浪底北岸灌区PPP项目全生命周期的主要监管，包括项目的准备、采购、监管和移交等阶段的工作。项目公司（河南水投小浪底北岸灌区工程有限公司）负责本项目投资、融资、建设、运营维护及移交等工作。项目具有分阶段实施、涉及事项繁多、管理要求全面、实施内容广泛等特点。此外，政策审批、极端气候、市场变化等众多外在因素给本项目的政府监管带来了诸多难点和风险。

4.4.1.1 阶段性与系统性并存

PPP模式下小浪底北岸灌区工程PPP项目政府监管具有阶段性的特点。根据PPP项目全生命周期理论，价值创造贯穿设计、融资、建设、运营维护至移交的完整周期。因此，融资、建设、运营期组成PPP项目“金三角”模型。对于一个如此复杂而又综合性的项目来说，每个阶段的政府监管都显得尤其重要，都需要着重关注才能有效地控制成本、加快进度、保证监管实效。同时，小浪底北岸灌区工程PPP项目政府监管还具有系统性的特点。由于灌区工程涉及多个地区，不可避免地受到沿线环境的影响，必须尽可能全面地对水文地质变化情况、居民区分布等情况加以考虑，并采用合理的、安全的办法进行项目监管。

4.4.1.2 高成本与长回收期

灌区工程建设成本高，投资回收期长。小浪底北岸灌区工程PPP项目合作期限为33年，其中建设期为3年，运营维护期为30年。项目总投资为34.7亿元，包括一期工程济源市建设部分初步设计批复总投资 4.94 亿元和二期工程总投资 29.13 亿元。从项目筹建起，到项目完全结束，每一项目阶段、每一年、每一季度甚至每个月都需要持续关注成本的管理工作，不断发现问题、分析问题、找到问题的解决方案，让每一分钱花到实处、有用之处、合理之处，以达到项目成本管理的最终目标。同时小浪底北岸灌区工程作为公共基础设施项目，与居民生活息息相关，保证良好的服务质量是最重要的前提，产品质量管理同样关系着灌区工程运营阶段投资控制，因此在保证质量的前提下控制成本显得至关重要。

4.4.1.3　涉及单位众多

河南省海河流域水利事务中心与社会资本方签署 PPP 项目合同，由河南水投小浪底北岸灌区工程有限公司在项目合作期内负责小浪底北岸灌区的投融资、建设及运营。因此，PPP 项目涉及的人员众多，成本核算和控制需要更加精细，才能避免成本的浪费。常规监管模式中项目法人和施工单位相互制约的机制，在本项目中成为利益共同体，造成项目成本核算和控制与常规项目截然不同。

4.4.2　政府监管的原则

4.4.2.1　依法监管原则

依法行政是我国法治建设的重要原则，必须坚持以法律法规作为监管行为的规制和准则，小浪底北岸灌区工程对技术水平和经济实力要求高，对政府监管要求高。因此，政府监管行为必须有法可依，有法必依，只有在法律的约束下进行政府监管，才能充分保障公众权益，保证工程项目的有效运转。

4.4.2.2　激励与限制相结合原则

政府应坚持激励与限制相结合的原则，实现“监”和“管”的平衡。在小浪底北岸灌区工程 PPP 周期全过程中，政府部门除了通过市场准入、项目质量监控等方式对企业行为进行限制性监管，还应当进行政策激励，提供更多的政策优惠，并且引导企业进行技术创新、管理提效，提高灌区工程建设管理水平。

4.4.2.3　信息披露原则

信息披露即信息公开，PPP 项目运行需要公开，政府监管也同样需要公开。公开监管也是依法监管的表现。PPP 项目运作和政府监管都是动态的过程，要保障整个过程都能让公众知悉明确，才能做到监管的透明化，这也是发挥社会监督的基础。

4.4.2.4　监管效率原则

在 PPP 运营过程中，政府监管效率低下会导致项目困难重重，小浪底北岸灌区工程设施建设运营程序复杂、专业性强，涉及工程建设、项目管理等多学科知识。政府监管是为了给 PPP 项目提供正效益，而不是延误项目时机，损害项目利益。因此，政府应该注重监管的专业性和效率。

4.4.2.5 合同监管、可问责性原则

由于相关的法律制度尚不完善，PPP 项目中风险分担和收益分配机制还没有得到明确的法律保护，现阶段主要依靠合同条款对双方进行约束。政府与社会资本在签订合同时，拟定的合同条款应更加细致，应明确双方的权利、义务和风险分担机制，并约定好

潜在风险的处理方式。同时，为了防止政府部门在PPP项目中出现渎职甚至是违约等行为，导致项目中断，需要建立问责制，并接受社会公众的监督。此外，还应发挥行业协会等社会团体的社会监督作用，以保障监管的公平公正性。

4.5 政府方监管的内容与措施

在PPP项目中，政府最重要的工作是担任监督管理者的角色。小浪底北岸灌区工程的公共利益属性要求政府必须对项目加强监管。灌区工程PPP项目的政府监管从监管周期上大致划分为决策期监管、建设期监管和运行期监管。小浪底北岸灌区PPP项目决策阶段主要包括项目筛选和识别、项目物有所值和财务承受能力评价、社会资本采购和拟定PPP合同；小浪底北岸灌区工程PPP项目建设阶段指项目从开工建设到完工的整个阶段。本章对小浪底北岸灌区工程PPP项目政府部门在项目决策与建设阶段对工程质量与安全、进度、投资、合同执行与合规性等方面的监管进行总结阐述。

4.5.1 质量与安全监管

4.5.1.1 保留权利，严把质量安全关

为保障河南省海河流域水利事务中心在小浪底北岸灌区工程PPP项目执行过程中对质量问题、安全问题的监管地位，在《小浪底北岸灌区工程PPP项目合同》中规定河南省海河流域水利事务中心具有对涉及公共安全、公共利益等重大事项一票否决的权利；河南省海河流域水利事务中心在项目建设期及运营期出现较大级别安全事故、重大级别质量事故，以及造成恶劣社会影响事件时享有介入权；河南省海河流域水利事务中心有权自行或委托第三方专业机构对项目公司工程质量、安全防范措施等进行全过程、全方位的监督管理，避免了项目参与各方为追求利益而忽略安全风险的行为。

4.5.1.2 完善制度，抓牢质量安全管理

1. 完善质量安全管理制度

河南省海河流域水利事务中心制定并完善了《小浪底北岸灌区工程实施机构质量管理制度》《实施机构安全生产检查制度》《工程进度管理制度》等相关制度，定期对落实制度、体系建设、工程实体、安全生产方面进行专项检查，实现了工程质量符合标准要求、安全生产工作处于可控状态的目标。

2. 加强监督问题整改

督促河南水投小浪底北岸灌区工程有限公司针对水利部、河南省水利厅、河南省质监站在项目检查过程中发现的问题，及时召开问题反馈与整改会议，把好质量关、安全关，制定整改台账和整改时限，并及时上报整改报告。

4.5.1.3 明确责任，守好质量安全责任关

在小浪底北岸灌区工程PPP项目中，各方均有明确的质量安全责任，以安全文明施工为目标创建文明工地，确保无质量安全事故发生。河南省海河流域水利事务中心作为政府部门主要负责制定相关的质量安全制度、文件，监督指导项目按照质量要求安全运行，针对隧洞施工难的问题，项目邀请国内具有丰富隧洞设计、施工经验的专家进行现

场技术指导，采取“一洞一策”，深化动态设计，调整开挖工序，加大加密钢拱架，严格按照“短进尺、强支护、勤观测、保安全”的原则，科学安排各项工序衔接，有效提高了洞挖施工的质量安全保证。河南水投小浪底北岸灌区工程有限公司负责安全文明施工目标的控制，具体管理内容为：结合项目安全文明目标，编制安全文明管理规划及安全应急预案，突发事件发生后，及时启动应急预案；根据项目施工安全目标的要求配置必要的资源，确保施工安全，保证目标的实现；督促专业工作单位落实安全保证体系，不定期组织工地安全文明检查，会同承包商处理工地各种纠纷。

4.5.1.4　守牢底线，严把工程质量关

根据《小浪底北岸灌区工程 PPP 项目合同》，质量监督方式以抽查为主，并根据需要进行巡回监督。2021 年，政府方按照监管职责，完善了《小浪底北岸灌区工程实施机构质量管理制度》《实施机构安全生产检查制度》《工程进度管理制度》等相关制度，同时督促项目公司结合工程实际，不断建立完善相关质量安全管理制度和质量安全体系，政府方定期对落实制度、体系建设、工程实体、安全生产等方面进行专项检查，并按照河南省水利厅要求，每月定期上报“工程隐患台账和危险源统计表”以及利用安全信息上报系统校核报送安全隐患、整改状态等内容。

4.5.2　进度监管

4.5.2.1　主动出击，强力推进土地报批

征迁协调一直都是制约工程进度的“卡脖子”问题。小浪底北岸灌区工程总长 325 km，涉及 5 个县（市）、29 个乡镇、237 个行政村，各类专项迁建 1 600 余项，协调任务比较繁重。各级政府和协调办勇于担当、积极工作，河南省海河流域水利事务中心和项目公司多措并举，配合解决难点问题。

自项目开工以来，河南省海河流域水利事务中心和项目公司会同地方政府协调办工作人员，不惧严寒酷暑、疫情等影响，深入农村农户、田间地头，发放政策宣传单、征收补偿方案，入户宣传解读政策，以“与群众拉家常”等方式，逐门逐户上门摸排征迁问题，耐心细致宣传讲解政策，积极开展征迁宣传工作，梳理完善征迁资料，精细化解决问题，为沿线群众算好征迁“经济账”，确保按计划节点完成征迁任务。同时，制定了详细的征迁问题台账，每周例会都对台账问题进行汇总、研判、动态调整，实行了班子成员包片包县制度，安排专人专职对接，紧盯问题台账不放，确保问题堵点解决在一线。围绕征迁难点问题，河南省海河流域水利事务中心和项目公司成立工作专班，及时到各市县进行督导协调，有效推进了难点堵点问题的解决。2020 年 9 月 13 日，自然资源部批复了小浪底北岸灌区工程建设用地，是河南省十大水利工程中第一个获得用地手续批复的工程。用地手续的顺利批复，保证了工程建设项目土地使用有法可依，是工程投资、工程进度有效控制的重要基础。

4.5.2.2　政企同心，大力推进工程进度

为切实了解工程进展过程中项目公司遇到的困难，加快工程进度，河南省海河流域水利事务中心多次深入研究项目公司的工作计划，梳理并讨论工程建设过程中存在的工程和征迁问题，帮助协调解决问题，突破制约项目进展的瓶颈。此外，河南省海河流域

水利事务中心和项目公司定期组织参建单位开展劳动竞赛，形成了“大干快上”的建设热潮，激发了参建单位的创业积极性，与此同时，采用周报告、月评比的形式，有效加快了工程进度。

4.5.2.3 科研带动，强力支撑进度提升

小浪底北岸灌区工程在建设过程中高度注重科学研究，始终以“工程带科研，项目带科研”为导向，针对隧洞工程施工难、地质条件复杂、项目管理模式新的特点，谋划实施了隧洞施工及支护关键技术、安全智能诊断与风险管控关键技术、围岩变形失稳机制与高外水压力渗控关键技术等 7 项科研项目，引进了抗冲耐磨混凝土、防水毯、装配式箱涵等新工艺、新技术，为工程建设提供了强大支持。

如：总干渠 4 号隧洞出口段、5 号隧洞进口段受穿越焦柳铁路制约，110 m 范围由中国铁路郑州局集团有限公司代建。由于前期两条隧洞一直采用出口单向掘进施工，影响了工期。为加快建设进度，参建单位经多次勘查研究，在 4 号隧洞出口处增设一条支洞，在 5 号隧洞进口 1/3 处增设一处竖井，实现了多个工作面同时施工，大大加快了隧洞洞挖进度。

4.5.3 投资监管

4.5.3.1 事前控制，实施工程量清单招标

传统发承包计价、定价以工程预算定额为依据，量价合一的定额计价表现形式使市场经济杠杆作用难以发挥，一定程度上阻碍了企业的主动性、创造性。推行工程量清单计价方法有利于真正地实现建筑市场内的公平有序竞争，满足我国建筑业发展的需求，同时也与国际惯例接轨。小浪底北岸灌区工程在社会资本方招标过程中，经多轮咨询、研究、比选，采用了工程量清单结合造价下浮率的招标方式，达到了事前定价的效果，避免了传统 PPP 项目采用费率报价在实施过程中工程投资控制难度大、合同双方争议多的缺点。

4.5.3.2 全面监管，确保资金安全

1. 财政资金管理

为规范项目财政资金管理，本项目制定了小浪底北岸灌区工程 PPP 项目中央和省级补贴资金使用管理制度，明确中央和省级财政资金由河南水投小浪底北岸灌区工程有限公司按照支付进度提出申请，河南省海河流域水利事务中心审核后予以拨付。

2. 工程进度款管理

工程进度款由施工单位申请，经监理公司、河南水投小浪底北岸灌区工程有限公司审核报河南省海河流域水利事务中心，河南省海河流域水利事务中心组织造价咨询公司进行审核后，河南水投小浪底北岸灌区工程有限公司根据审核结果予以支付。

3. 银行账户管理

河南省海河流域水利事务中心、河南水投小浪底北岸灌区工程有限公司与银行签订项目资金账户监管协议，实现了对项目资金到位及使用的实时动态监管。监管协议约定，河南水投小浪底北岸灌区工程有限公司大于 300 万元的资金使用需经河南省海河流域水利事务中心审批后，银行才能支付。

4.5.3.3 清晰规范，明确工程变更程序

工程变更作为投资控制的重要环节，直接关系着建设阶段成本管理的成败。为科学地进行工程变更管理，根据《水利工程设计变更管理暂行办法》、河南省关于工程变更的有关规定及《小浪底北岸灌区工程 PPP 项目合同》，河南省海河流域水利事务中心印发了《小浪底北岸灌区工程 PPP 项目工程变更流程》，分别对地方政府提出的变更、设计单位提出的变更、施工单位提出的变更、项目公司提出的变更等变更程序进行明确规定。

4.5.3.4 明确程序，制定工程计量签证管理制度

小浪底北岸灌区工程 PPP 项目采用工程量清单计价方式，因此工程量计量管理科学与否对投资控制至关重要。根据《引江济淮工程（河南段）、小浪底北岸灌区工程 PPP 项目各方主要职责》（豫水办建〔2019〕49 号）、《小浪底北岸灌区工程 PPP 项目合同》等，为规范小浪底北岸灌区工程 PPP 项目工程量计量及签证工作，河南省海河流域水利事务中心研究制订了《小浪底北岸灌区工程 PPP 项目工程计量签证管理制度》，对现场测量、工程量签证等进行了明确规定，其中工程量签证程序为：

（1）施工单位依据施工图纸（设计变更通知单）、工程量清单、技术标准和要求、测量成果等计算工程量，并向监理单位提交工程量计量资料。

（2）监理单位审核完成后，提交至河南水投小浪底北岸灌区工程有限公司审核。

（3）河南水投小浪底北岸灌区工程有限公司审核完成后提交至河南省海河流域水利事务中心。

（4）河南省海河流域水利事务中心审核工程量计量资料。

4.5.3.5 创新思路，实施项目绩效考核

绩效考核是对项目法人在建设过程中履职情况评价的主要抓手。为加强成本管理，更好地提供公共服务，避免固化政府支出责任，小浪底北岸灌区 PPP 项目中政府提供的全部建设成本参与绩效考核。本项目建设期可用性绩效付费的绩效考核采用合格制，竣工验收应符合工程质量、工期、安全生产、环境保护等七方面的具体指标要求，指标要求未达成时，河南省海河流域水利事务中心可根据 PPP 项目合同相关约定，提取河南水投小浪底北岸灌区工程有限公司提交的建设期履约保函中的相应金额，并下达整改通知，河南水投小浪底北岸灌区工程有限公司应在整改通知规定的时间内整改到位，逾期未整改到位的，河南省海河流域水利事务中心有权终止 PPP 项目合同并依法追究河南水投小浪底北岸灌区工程有限公司的违约责任，双方届时启动提前终止的相关约定。考核次数为每 6 个月一次，年度考核评分取平均值作为建设过程考核结果。

项目的全部建设成本与项目的运维绩效考核挂钩，政府方根据建设过程进行考核，对考核结果不达标的进行处罚，具体处罚措施为：

（1）建设过程考核得分在 85 分以上的，不作处罚；

（2）考核得分 85 分以下的，处罚金额 =3 000 万元 ×（1 – 建设期绩效考核得分 ÷ 85），60 分以下视为不及格，发生质量事故直接按不合格进行处罚；

（3）一次评价不及格的，河南省海河流域水利事务中心可要求河南水投小浪底北岸灌区工程有限公司提交书面整改说明并整改到位；

（4）连续两次评价不及格的，河南省海河流域水利事务中心可单方解除合同，由此造成的经济损失由河南水投小浪底北岸灌区工程有限公司承担。

若项目竣工验收前未通过绩效考核要求，河南省海河流域水利事务中心可根据 PPP 项目合同相关约定，提取河南水投小浪底北岸灌区工程有限公司提交的建设期履约保函中的相应金额。

4.5.3.6 术业有专，实施全过程造价咨询

为加强和规范小浪底北岸灌区工程 PPP 项目造价控制技术服务管理工作，提高投资控制能力，河南省海河流域水利事务中心研究制定了《小浪底北岸灌区工程 PPP 项目造价控制技术服务工作管理制度》，聘请专业工程咨询公司全面负责小浪底北岸灌区工程实施阶段工程造价控制、项目公司资金（资本金及银行融资）到位及使用情况审核、竣工结算审核等工作。通过全过程工程造价咨询，一方面保证建设项目全过程各环节充分落实投资控制措施，科学分配投资资金，加强资金筹措计划性，节约资金利用成本，提高工程投资性价比；另一方面，造价咨询可将建设时期所完成的工程部分第一时间转化为投资控制数据，确保政府部门及时了解资金使用状况，调整投资管理手段，优化投资控制行为。

4.5.4 合同执行与合规性监管

4.5.4.1 因地制宜，科学设计项目合同

基于国内其他 PPP 项目建设的实践案例，诸多争议与纠纷的根源可追溯至合同签订的严谨性不足。这种不足将导致 PPP 项目在合同履行阶段出现难以执行的情况，不仅给工程投资控制带来严重的困扰，更直接关系到 PPP 项目的成败。因此，强化合同签订的规范性与详尽性，科学设计管理框架，对于确保 PPP 项目的顺利实施至关重要。

为避免此类问题出现，小浪底北岸灌区工程 PPP 项目在“两评一案”和 PPP 项目合同的编制过程中，针对风险管理、回报机制、资金监管等方面聘请了具有相关资质的第三方专业机构——黄河勘测规划设计研究院有限公司，对《小浪底北岸灌区工程 PPP 项目实施方案》《小浪底北岸灌区工程 PPP 项目合同》等进行咨询与评估，保证了 PPP 项目设计框架的合理性。如评估发现：最初编制的《小浪底北岸灌区工程 PPP 项目实施方案》，征地移民部分投资全部划入项目公司，但是风险由河南省海河流域水利事务中心承担，存在责任风险不对等的情况。根据咨询意见结合项目实际，在最终的《小浪底北岸灌区工程 PPP 项目实施方案》中明确了河南省海河流域水利事务中心和项目公司关于征地拆迁风险的责任划分，界定由河南省海河流域水利事务中心承担征地拆迁安置规划编制、征地补偿协议签订和资金支付不及时、征地拆迁安置计划上报不及时等相应的风险；河南省海河流域水利事务中心承担征地拆迁安置补偿费标准等本级政府可控的政策性风险；双方共同负责征地拆迁安置验收有关工作。征地拆迁安置进度相关的风险由双方共担。

4.5.4.2 制定文件，明确各方职责

明确项目参与各方的职责，保障合同顺利执行，按照国家基本建设项目管理有关规定和河南省政府批准的小浪底北岸灌区工程 PPP 项目实施方案及合同，河南省水利厅组织河南省海河流域水利事务中心、河南水利投资集团有限公司和河南水投小浪底北岸灌

区工程有限公司研究制定了《引江济淮工程（河南段）、小浪底北岸灌区工程 PPP 项目各方主要职责》（豫水办建〔2019〕49 号）文件，对实施机构（河南省海河流域水利事务中心）、社会资本方（河南水利投资集团有限公司等）、项目公司（河南水投小浪底北岸灌区工程有限公司）进行明确的职责分工，促使各方履职尽责，通力合作，确保项目顺利实施。

在 PPP 管理模式下，河南省海河流域水利事务中心和项目公司明晰双方责权边界，面临困难勇于担当，相互补充、密切合作，形成了“1+1>2”的管理体系。河南省海河流域水利事务中心和项目公司联合办公，以共同的目标和责任为出发点，高效沟通，推进工程建设“快速奔跑”。河南省海河流域水利事务中心以“支持、服务”工程为己任，积极向河南省政府及河南省发展和改革委员会、财政厅、自然资源厅、水利厅等部门汇报，争取获得上级部门的帮助支持；主动与市县级政府和相关部门沟通协调，大力营造和谐良好的施工环境。项目公司以建设“优良”工程为目标，持续探索 PPP 项目建管新模式，不断提升建管水平，严格落实各项建管措施，快速优化参建各方资源配置。最终相互支持，形成合力，心往一处想，劲往一处使，共同研究解决难题，为项目建设打造积极向上的工作氛围。

4.5.4.3 敢于作为，创新政府监督制度

河南省海河流域水利事务中心在河南水投小浪底北岸灌区工程有限公司董事会、监事会均派出政府代表，对小浪底北岸灌区工程 PPP 项目实行全面监管，着力保障合同执行。

一是在项目公司董事会中派驻代表，项目公司董事会由 5 名以上 13 名以下单数董事组成，其中河南省海河流域水利事务中心委派 1 名，其他董事由河南水利投资集团有限公司委派；每届任期 3 年，可连选连任。

二是在监事会派驻监事会主席，监事会由 3 名监事组成，实施机构（河南省海河流域水利事务中心）和社会资本（河南水利投资集团有限公司等）各委派 1 名监事，项目公司（河南水投小浪底北岸灌区工程有限公司）职工代表推举 1 名监事，监事会主席由河南省海河流域水利事务中心所委派代表出任，任期每届为 3 年，可连任。其中，项目实施机构委派监事会主席对项目公司的重大决策、重要人事任免、重大经营事项安排和大额资金运作履行内部监督权。

监事会行使下列职权：

（1）检查公司财务；

（2）对董事、高级管理人员执行公司职务的行为进行监督，对违反法律、行政法规、公司章程或者股东会决议的董事、高级管理人员提出罢免的建议；

（3）当董事、高级管理人员的行为损害公司的利益时，要求董事、高级管理人员予以纠正；

（4）提议召开临时股东会会议，在董事会不按照《公司法》的规定召集和主持股东会会议职责时，召集和主持股东会会议；

（5）向股东会会议提出提案；

（6）依照《公司法》第一百五十二条的规定，对董事、高级管理人员提起诉讼；

（7）公司章程规定的其他职权。

项目公司在全生命周期内应当接受河南省海河流域水利事务中心、财政厅以及审计机关的监督检查。

监事会主席由实施机构所委派代表出任，这一制度是小浪底北岸灌区PPP项目在探索和实践中的重要成果之一，也是实现政府对PPP项目监管的重要手段之一，避免了常规PPP项目中政府监管行为相对缺失、政府方投资控制薄弱的局面。

4.5.4.4 勇于担当，明确政府方一票否决权

为保障项目的顺利进行，维护公共利益与公共安全，在《小浪底北岸灌区工程PPP项目合同》中明确规定政府在以下方面具有一票否决权：①项目公司注册资本变更；②项目公司合并、分立、被收购、解散、清算或者变更公司形式；③项目公司股权变更或股权转让；④涉及公共安全、公共利益等重大事项，如供水水质安全、恶意中断供水或中断项目运营服务等。

4.5.4.5 未雨绸缪，制定风险分担机制

合理的风险分担机制是弱化风险，控制项目成本，保证项目正常运行的重要手段。小浪底北岸灌区PPP项目因其合作周期长，不可预见因素多，为有效控制成本，在《小浪底北岸灌区工程PPP项目合同》中约定了风险分担方式，以降低风险损失。按照"谁最有能力承担某种风险，谁就承担该风险"的原则在双方之间进行风险合理分担，如政府方主要承担因政策变化、法律变更引起的风险，社会资本方则主要承担项目建造和运营过程中发生的技术、管理和市场风险等。

4.5.4.6 提升效率，利用已建渠道节约成本

广利总干渠为广利灌区的输水总干渠，是为利用济河改造建设而成的渠道。广利总干渠从五龙口渠首闸引水向南到苗店，转向东，至沁阳市区总干四号跌水，总长29.1 km，设计流量为15~65 m^3/s。广利总干渠位于冲洪积倾斜平原，地形较平坦，地势西高东低。现状广利总干渠为人工渠道，渠道上口宽度变化较大，全程在20~100 m，渠道深度在3~10 m。

小浪底北岸灌区新建三干渠输水入广利总干渠，再利用广利总干渠、济河、亢村干渠、徐堡干渠、孙村干渠、荣涝河、济蟒截排、蚰蜒河及补水灌区范围内其他原广利灌区渠系对温县补水区补水，同时也借助广利总干渠、济河、济蟒截排、蚰蜒河等涝河输水，通过自流输水，灌溉武陟灌片及温县灌片内耕地。经布置，三干渠从总干渠末端引水一直向北，至坡掌村，渠线转向东绕过坡掌村，转向北，在大位村南以倒虹吸形式穿过蟒河，沿大位村西、史村西一直向北，在西宜作村西南入广利总干渠，此段为新建段，长度为7.54 km，其后利用既有工程，即广利总干渠15.1 km，输水入济河，利用济河32.248 km到济河董宋拦河闸止，全段线路总长54 km。

从减少占地和控制投资的角度来看，利用广利总干渠约节省了30 km的干渠，节省占地1 260亩，同时大大减少了渠系建筑物数量，对投资控制效果显著。

4.5.4.7 善于创新，利用新技术降低工程成本

小浪底北岸灌区工程在建设过程中高度注重科学研究，始终以"工程带科研，项目带科研"为导向，针对隧洞工程施工难、地质条件复杂、项目管理模式新的特点，谋划

实施了隧洞施工及支护关键技术、安全智能诊断与风险管控关键技术、围岩变形失稳机制与高外水压力渗控关键技术等 7 项科研项目，引进了抗冲耐磨混凝土、防水毯等，以及装配式箱涵等新工艺，为工程建设提供了强大支持，也为工程投资控制提供了有力的技术支撑。

4.5.4.8　积极应对，承担风险

根据《小浪底北岸灌区工程 PPP 项目合同》，政府资金及时足额到位属于政府方责任，应由政府承担。因被征地农民社保费、综合地价调整等因素，对工程投资产生较大影响，为保障项目顺利进行，河南省海河流域水利事务管理中心主动作为，承担风险，经河南省水利厅批准，根据《关于贯彻落实省政府第 144 次常务会议精神因政策变化增加引江济淮（河南段）等 3 项工程投资的通知》（豫水计〔2022〕39 号）的文件精神，小浪底北岸灌区工程因被征地农民社会保障费用政策变化增加投资 19 192 万元，因征收农用地区片综合地价政策变化增加投资 4 598 万元，共增加投资 23 790 万元，总投资增加至 291 329 万元，增加投资由政府承担。

4.6　本章小结

本章从政府方监管基本概念、政府方监管主体、理论基础、国内外现状研究等方面出发，提出政府方监管的必要性，在分析灌区工程政府方监管特点、监管原则与政府方监管内容的基础上，总结了小浪底北岸灌区工程 PPP 项目政府方监管的措施，为其他同类型项目进行政府方监·管提供有力参考。

第 5 章　运行期政府监管措施研究

5.1　概　述

政府监管在 PPP 项目中至关重要，能确保项目高效运行、维护公共利益和防范风险。本章在借鉴国外 PPP 项目运行中政府监管理论和实践经验的基础上，分析小浪底北岸灌区工程 PPP 项目的运行机制，包括项目的运作安排、管理、运营内容、维护、绩效考核及风险控制等方面，提出运行期政府监管措施，提出完善 PPP 项目运行中政府监管的对策建议，包括明确监管职能、完善法律法规、健全监管组织体系、优化监管机制，以及提升监管人才队伍素质等，以推动小浪底北岸灌区工程 PPP 项目在运行期间取得更好的成效，实现社会公共利益的最大化。

河南省海河流域水利事务中心（原河南省豫北水利工程管理局）在运行期的主要任务是负责工程建成后的运行、维护、灌溉、供水、固定资产的保值增值、市（县）相应管理机构的业务管理以及运行期综合经营等。为实现这些目标，项目的监管方式主要包括行政监管、履约管理和公众监督等。在项目的工程运行阶段，河南省海河流域水利事务中心将采取一系列监管措施，包括运行状况监管、风险监管、合同履约监督、法律合规监管、服务水平监管、安全监管、绩效评估、灌区信息化管理监管、财务审计监管和公众监督，旨在确保项目公司按规范运营并达到预期目标。

针对运行期的监管措施，主要侧重于确保灌区工程 PPP 项目在运营过程中能够持续、稳定、高效地提供服务，并保障项目公司的合法权益。具体包括以下内容：

（1）服务质量和绩效考核：政府部门应制定详细的服务质量标准和绩效考核体系，定期评估项目公司提供的灌溉、城乡生活与工业用水等服务情况。通过用户满意度调查和水量水质监测等方式，收集用户反馈和意见，作为绩效考核的重要依据。根据绩效考核结果，对项目公司进行奖惩，激励其提高服务质量和效率。

（2）运营成本和价格监管：政府部门应要求项目公司定期提交运营成本报告和财务报表，对其进行审核和监管。同时，对项目公司的定价机制进行审查和监督，确保其定价合理、透明，并符合国家和地方相关政策法规。通过建立成本分摊和价格调整机制，平衡项目公司的收益和用户的负担。

（3）风险管理和应急响应：政府部门应协助项目公司建立风险管理体系，识别和评估运营过程中可能面临的风险，如自然灾害和设备故障等。制订详细的应急预案和响应机制，确保在突发事件发生时能够迅速有效地进行应对和处置。通过定期演练和培训等方式，提高项目公司和相关人员的应急响应能力和水平。

综上所述，政府的有效监管是小浪底北岸灌区工程 PPP 项目成功运营的关键，能够保障项目的服务质量、运行效率和公共利益的最大化。

5.2 灌区工程 PPP 项目运行机制

鉴于水利行业项目的特点，项目完工至项目竣工验收间隔的时间较长，项目完工即具备运营的条件，因此本项目完工验收后，经项目公司申请进入运营期，政府方或项目实施机构书面通知之日起视为本项目进入运营期，由项目公司负责项目维护、运营。在整个运营期内，项目公司应承担相应的费用、责任和风险，负责管理、运营和维护的，使项目设施处于良好的使用状态。项目公司应建立健全流程制度管理体系，从制度体系上保障基础设施和公共服务的正常运营。

小浪底北岸灌区工程 PPP 项目于 2020 年 9 月全面开工建设。其中总干渠 11 条隧洞、总干渠明渠段、干渠工程、2 条城市供水管线、蔡湾调蓄池已全部完工；计划于 2023 年 12 月底主体工程完成，具备通水条件，2024 年 6 月完成完工验收。

5.2.1 项目运营安排

5.2.1.1 项目实施主体

明确实施主体和社会资本方的权责边界。河南省海河流域水利事务中心作为本项目全生命周期的监管主体，通过全过程监督保障项目的透明运行。社会资本方在运营过程中承担项目设施的管理、维护、风险等。

5.2.1.2 项目监管

PPP 项目运作的过程中，监管者包括政府、公众及第三方机构等，其中政府是对公共服务方面进行工程监管的核心部门，负责项目的安全推进。此外，政府在职能履行过程中，可以对第三方进行专业委托，由他们完成监管工作，例如会计师事务所等。PPP 监管机构的级别一般为项目实施地的政府职能部门。监管机构应对项目的发起者负责，并结合自身的监管工作进行信息汇报，从级别层面，发起者在监管机构之上，监管机构具体负责项目运营过程的监管。

5.2.2 项目运营管理与责任分工

结合本项目拟定的运作方式，项目合作期满后，项目经营等相关权利须无偿移交给实施机构或政府指定机构，并在 PPP 项目合同中明确约定条款，保障设施的正常运营，在项目移交前，社会资本方有义务提供相关的性能测试报告，以证明项目移交前相关性能质量是否达标。如未能提供相关性能测试报告的，须进行恢复性修理或更新重置等措施，达标后再进行移交。项目合同终止后，社会资本方可以依法对项目公司进行清算、注销。

5.2.3 项目运营内容

项目运营包括一期建设的渠首段工程、总干渠工程、一干渠进水闸工程及二期建设的渠道及城市输水工程、排水工程、调蓄池工程、泵站工程及建筑物工程等设施的运营维护及配套工程的运营维护，主要经营收入来自农业灌溉用水、城市生活用水和工业用水的供水收费。

本项目作为供水工程，并非直接供水到用水单位，而是引水至下游供水系统中（如水厂、水库等）。整个供水系统还包括下游水厂、水库和支线管网，而本项目只负责上游引水输水。为保障项目公司收费可靠稳定，确保水费结算方式简便可行，本方案设计由实施机构协调下游供水系统（如水厂、水库等）与项目公司统一结算并签订供水协议。

5.2.3.1 完善准入和退出机制

项目通过竞争程序，依法选定社会资本组建项目公司，一方面通过对已选定的社会资本形成竞争压力，促使其不断改善经营管理水平、提升服务水平；另一方面也为吸引更优秀的社会力量参与本项目保留余地。

5.2.3.2 建立健全基于绩效的支付机制

针对本工程的项目属性，制定有特点的运行期绩效考评办法，并将资金支付与绩效考评结果挂钩，对社会资本形成有效的激励与约束。

5.2.3.3 构建科学合理的权责分配与风险分担机制

本项目运营周期较长，实施过程中面临各类风险，项目实施机构和项目公司将在PPP合同中进一步识别主要风险，按照“谁最有能力承担某种风险，谁就承担该风险”的原则在双方之间进行风险合理分担，如政府方主要承担因政策变化、法律变更引起的风险，社会资本方则主要承担项目建造和运营过程中发生的技术、管理和市场风险等。

5.2.3.4 建立项目运行期全过程监管机制

PPP模式要求政府实现从“经营者”到“监管者”的角色转变，作为基础设施与公用事业的最终责任主体，切实履行对项目运营期全过程的监管职责。

建立定期评估机制，除按照协议对服务验收达标进行日常考核，并据此支付相关服务费用外，通常每3—5年组织一次中期评估，全面评估项目的技术、管理和财务表现，督促社会资本持续改进项目管理水平，提升公共服务效率；建立公众参与监督机制，进一步加强宣传和教育，增强公众的主人公意识，引导公众参与项目运营监管，进一步完善公众咨询、投诉、处理机制，形成全社会共同监督。

5.2.4 项目运营和维护

5.2.4.1 运营责任

在运营期内，项目公司应按照国家有关技术规范、行业标准的规定和谨慎运营惯例，对其负有运营责任的设施提供包括管理在内的相关服务，确保项目设施正常使用。

5.2.4.2 运营记录

项目公司应确保对项目运营的情况进行详细记录，并允许政府方（河南省海河流域水利事务中心）在给予合理通知后，随时对其运营情况进行检查并查阅和复制上述记录。

5.2.4.3 运维成本的认定

项目运作过程中的运维成本由项目公司承担，运维成本经财政部门批复后可作为运营绩效付费的依据。

5.2.5　项目运行期绩效考核机制

5.2.5.1　绩效考核制度

根据财政部令第 81 号《基本建设财务规则》（2016 年 4 月 26 日公布）第五十二条规定：项目绩效评价应当重点对项目建设成本、工程造价、投资控制、达产能力与设计能力差异、偿债能力、持续经营能力等实施绩效评价，根据管理需要和项目特点选用社会效益指标、财务效益指标、工程质量指标、建设工期指标、资金来源指标、资金使用指标、实际投资回收期指标、实际单位生产（营运）能力投资指标等评价指标。

小浪底北岸灌区工程 PPP 项目绩效考核制度和指标体系，根据设定的绩效目标，运用科学、合理的绩效评价指标、评价标准和评价方法，对财政支出的经济性、效率性和效益性进行客观、公正的评价，确保有关规划和工作目标的实现。

考核制度按照考核主体可分为政府方的抽查和检查制度、第三方监测制度、公众评价制度。

（1）抽查制度，采取数据抽查和情况反映等方式加强对本项目中各个子项目的工程质量、运营标准的全过程监督，确保本项目的质量、效率和持续性。

（2）检查制度，适时对项目单位的绩效目标管理措施和工作落实情况、资金执行进度和绩效目标实现情况进行检查，发现问题及时提出改进意见和措施。

（3）第三方监测制度，实施机构聘请独立的第三方专业机构对绩效结果进行监测。

（4）公众评价制度，通过多方参与考核评审，并设置一定权重的公众满意度指标，对公共产品和服务的数量、质量以及资金使用效率等方面进行综合评价，评价结果向社会公示。

政府抽查检查与第三方监测将作为绩效考核的主要依据，公众评价结果将作为参考依据。

5.2.5.2　绩效考核主体

绩效考核主体是项目实施机构组建的绩效考核小组，如有需要可以委托专业的、与参建单位无隶属关系的第三方机构。

5.2.5.3　运营期绩效考核办法

本项目可行性缺口补助费用的支付前提为项目进入运营期。如建设工程质量不达标，将依法追究社会资本方的法律责任，政府方有权解除合同，并不承担任何支出责任。结合财政部发布的《关于推进政府和社会资本合作规范发展的实施意见》(财金〔2019〕10号）要求“规范的 PPP 项目应当符合以下条件：建立完全与项目产出绩效相挂钩的付费机制，不得通过降低考核标准等方式，提前锁定、固化政府支出责任”。本项目建设成本参与绩效考核，与绩效考核结果挂钩部分占比为 100%”，本项目根据绩效考核要求特制定以下考核方案。

1. 绩效考核维度

项目运营从 6 个维度进行考核，包括：基础管理、组织管理、安全管理、运行管理、经济管理、项目满意度。绩效考核小组根据项目公司不同经营时期设计相应的绩效指标和目标，并以此为依据进行定期项目绩效考核。

2. 绩效考核指标权重

运营维护期每次绩效考核基准分总分为 100 分，绩效考核小组根据每个绩效指标（警戒指标除外）的影响程度合理分配权重分数，警戒指标不分配权重分数，但如果发生，直接扣除绩效总分，直至扣至 0 分。

3. 绩效考核指标

由 PPP 项目实施机构在每次签订《PPP 项目经营目标责任书》之前，组织绩效考核小组所有成员和项目公司人员共同参加“PPP 项目绩效指标选评会”，制定《PPP 项目绩效考核指标库》，从《PPP 项目绩效考核指标库》中根据本项目运营的不同时期的管理重点和难点选择或新增绩效考核指标，并与项目公司负责人沟通下一考核时期（1 年或多年）绩效目标值的设定，签订《PPP 项目经营目标责任书》。

4. 项目公司绩效目标的实现

项目公司根据所签订的《PPP 项目经营目标责任书》，在公司内部建立完善的绩效管理体系，对相关的考核指标分解到公司各部门和各岗位，完成相关的工作计划书并实施，确保所有经营目标的达成。

5. 运营期绩效考核核算

（1）项目全生命周期考核办法。

依据《关于规范政府和社会资本合作（PPP）综合信息平台项目库管理的通知》（财办金〔2017〕92 号）的要求，“未建立按效付费机制。包括通过政府付费或可行性缺口补助方式获得回报，但未建立与项目产出绩效相挂钩的付费机制的；政府付费或可行性缺口补助在项目合作期内未连续、平滑支付，导致某一时期内财政支出压力激增的；项目建设成本不参与绩效考核，或实际与绩效考核结果挂钩部分占比不足 30%，固化政府支出责任的”不得入库。

依据《关于推进政府和社会资本合作规范发展的实施意见》（财金〔2019〕10 号）的要求，“规范的 PPP 项目应当满足以下条件：建立完全与项目产出绩效相挂钩的付费机制，不得通过降低考核标准等方式，提前锁定、固化政府支出责任”。

本项目为使用者付费较高的可行性缺口补助项目，可行性缺口补助占比不足 10%，因此结合《关于推进政府和社会资本合作规范发展的实施意见》（财金〔2019〕10 号）的相关要求，本项目在建设期、运营期、移交期均设置绩效考核的扣款机制，付费完全与项目产出绩效挂钩，未固化政府支出责任。本项目建设成本参与绩效考核，与绩效考核结果挂钩部分占比为 100%。

当年绩效考核不达标扣款金额 =（当年可用性服务费 + 当年运维绩效服务费）×（1-当年运维绩效考核系数）

由于本项目回报机制为可行性缺口补助，为保证全部政府支出责任与项目产出绩效相挂钩，同时考虑项目公司的可持续性，绩效考核不达标扣款金额上限为当年可行性缺口补助金额和运营期履约保函金额之和。

（2）评分方法。

考核次数为每六个月一次，年度考核评分取平均值作为运营维护考核结果。

（3）一票否决权。

在项目运营期间，如发生供水水质安全、恶意中断供水、运营安全、中断项目运营服务等重大影响事项，政府方具有一票否决权。

工程运维考核系数见表 5.1。

表 5.1　工程运维考核系数

序号	考核分数	支付比例 / %	K 值
1	$100 \geqslant n > 85$	100	1.00
2	$85 \geqslant n > 80$	95	0.95
3	$80 \geqslant n > 75$	90	0.90
4	$75 \geqslant n > 70$	85	0.85
5	$70 \geqslant n > 60$	80	0.80
6	根据整改结果支付	100	—

5.3　运行期政府方监管措施

5.3.1　运行期监管内容

在小浪底北岸灌区 PPP 项目的运营期，政府方的监管工作重点在于确保项目的各项活动符合合同条款，满足相关法规和标准，并且持续提供预期的公共服务。运营期监管的主要内容包括运行状况的监测、风险管理、合同履约情况的监督、法律合规的检查、服务水平的评估、安全管理的落实、绩效的考核、信息化系统的维护、财务审计的合规性检查以及公众监督等。

通过全面的监管，政府方确保项目的顺利运行，防范和应对潜在的风险，同时为公众和相关利益方提供透明的监管信息，确保项目的效益最大化。

5.3.2　运行期政府监管方式

5.3.2.1　定期报告

项目公司须定期提交运营报告、财务报表、关键性能指标等信息，政府方通过报告及时了解项目的运行情况，并对数据进行分析和可视化处理，以便对项目的表现进行监控和评估。

5.3.2.2　现场检查

定期或不定期地进行现场检查，包括安全生产检查、设施运行状态监测、工程检查等，保障灌区各项设施的正常运作，预防潜在风险。

5.3.2.3　第三方评估

政府方可引入第三方评估机构或专家团队对项目进行定期评估，以确保项目运营的透明性、公正性和科学性。通过独立评估，确保项目在服务质量、经济效益和社会影响等方面达到合同要求。

5.3.2.4 公众监督

公众和利益相关者通过信息公开和监督机制参与项目监督，提出意见和建议，促使项目公司在运营过程中保持公开透明，并最大化地减少负外部性。

5.3.3 运行期监管手段与措施

5.3.3.1 关键绩效指标（KPI）监控

设立具体的绩效考核指标，量化项目的运营表现，如灌溉效率、服务质量、财务状况等。定期对 KPI 进行监测和评估，以确保项目的运营符合合同和政策要求。

5.3.3.2 风险管理计划

基于运营期内可能出现的风险，制订详细的风险管理计划，并设立监控机制，及时识别和处理潜在风险，确保项目的稳定运营。

5.3.3.3 合同履约管理

通过建立完善的合同管理制度，对合同执行情况进行定期检查，并根据实际需要调整或补充合同条款，确保项目公司和政府方都能履行各自的义务。

5.3.3.4 数据分析与可视化

通过信息化管理系统收集、处理并可视化呈现项目的关键数据，提供及时、准确的运营反馈，为决策提供依据。运用自动化监测和数据分析工具，提升管理效率。

5.3.3.5 财务审计与合规审查

政府方应定期对项目的财务数据进行审计，审查财务报表的准确性和透明度，确保财务管理符合国际财务报告准则（IFRS）等标准，同时开展法律合规审查，确保项目运营符合最新法规要求。

5.3.4 运行期具体监管机制

5.3.4.1 运行状况监管

在小浪底北岸灌区 PPP 项目进入运行期后，政府方建立监测机制，要求项目公司定期提交运营报告、财务报表和关键性能指标，使政府方能够了解项目的运行状况。

（1）明确报告内容和频率要求：政府方应当明确规定报告内容的要求，确保报告包含项目的关键性能指标、运营情况、财务状况、服务水平、效率等方面的详细信息。此外，明确提交报告的频率，如每月、每季度或每年提交一次，以确保信息及时有效地传达。

（2）制定具体的评估指标：确定用于评估项目运行状况的具体指标和标准，例如灌溉效率、水资源利用率、农业产值增加情况等，以便对项目运营的各个方面进行量化评估和比较。

（3）数据的可视化和报告解读：除要求报告提交外，政府方还可以要求社会资本方对数据进行可视化处理，并提供解读和分析，使政府方和其他利益相关者能够更直观、更易于了解项目的运行情况。

5.3.4.2 风险监管

政府方应对项目运行期间可能出现的各种风险进行评估和管理，确保项目能够应对可能的挑战。

（1）全面风险评估：政府方应当进行全面的风险评估，包括技术、财务、法律、环境和操作风险等。通过综合性的评估，可以识别和了解可能影响项目运行的各种潜在风险。

（2）制订风险管理计划：基于风险评估结果，政府方可以与项目公司合作制订详尽的风险管理计划。该计划应包括明确的风险防范策略、应对措施和紧急预案，以应对各类风险情况。

（3）建立风险监控机制：设立专门的机制监控项目运行期间的风险，例如建立风险监控团队、设立定期会议或使用特定的风险管理软件等方式，实时跟踪并评估风险情况。

5.3.4.3　合同履约监管

政府方对合同条款应严格监督，在确保项目公司遵守责任和义务的同时，也应确保自身履行合同中规定的职责。合同履约监管涉及建立健全的合同管理制度，其中包括对合同条款的解释、执行和必要时达成补充协议。此外，应确立明确的履约指标和关键绩效指标（KPI），以便监测和评估项目公司的履约情况。这些指标不仅有助于量化项目进展，也能评估服务质量、效率等方面的表现。通过这些措施，政府能够有效监管合同履行情况，并对项目运营情况有清晰的评估标准，确保合同双方都能兑现承诺，项目能够按照既定目标稳健推进。

5.3.4.4　法律合规监管

政府方应确保项目公司在运营过程中遵守相关的法律法规，包括环境保护、劳工法规、安全规定等，以保障双方对法律责任有清晰的认知。这需要进行定期的法律合规审查，以确认项目公司的运营活动是否符合最新的法律法规，并及时发现解决潜在的违规问题。此外，政府方还应为项目公司的相关人员提供法律合规培训和教育，以提高其了解并遵守相关法规的能力和合规意识。同时，定期进行法律风险评估，识别潜在的法律风险，并采取措施进行管理和应对，降低违规风险。

5.3.4.5　服务水平监管

政府方应对项目运行阶段的服务水平进行监管，确保项目向公众提供的服务符合合同要求和相关标准。这可能涉及服务响应时间、服务质量、客户满意度等方面的评估。服务水平监管关注项目向公众提供的服务质量，直接关乎用户体验和满意度。

5.3.4.6　安全监管

安全监管是关系灌区输水正常运行的一项重要工作。主要内容为：安全生产检查、水政巡查、水质检查、事故应急处理。水闸应成立安全检查组，负责安全生产制度制定、培训教育、检查督查、考核奖罚等工作。灌区负责人任组长，技术负责人任副组长，各工程管理岗位为成员。灌区负责人是安全生产第一责任人，对安全生产工作负总责，技术负责人负主管责任；灌区管理与安全小组负责安全管理工作，对各工程管理范围内的安全生产工作进行督查与考核；各工程管理人员是本管理部门的安全生产第一责任人，对安全工作全面负责。

灌区的安全管理责任必须落实到个人，经常地开展安全生产检查是及时消除隐患、预防和杜绝各类安全事故，确保生产安全的有效措施；而根据灌区实际情况，针对管理范围内的水政、水质的有效巡查，能保障水闸运行的周边环境安全；一旦有事故发生，灌区还要建立一套应急措施，确保能及时上报、及时处理、及时汇总。

政府方要切实监管好灌区输水工作，确保项目安全运行，充分发挥技术与管理优势，对灌区进行全过程监督指导，促进灌区水库完成除险加固、监测设施建设、工程信息档案完善等重点任务年度目标，加快灌区管理规范化、信息化、标准化步伐。安全监管可以预防事故和灾害的发生，保障项目运行过程中的安全性。

5.3.4.7 绩效评估

政府方与项目公司应制定相应的设施运营期绩效考核细则。政府通过设定绩效考核维度、绩效考核指标权重、绩效考核指标，制定运营期绩效考核核算办法对项目的运行绩效进行评估，以确保项目达到预期目标并为公众带来实际效益。

PPP 项目营运从 6 个维度进行考核，包括基础管理、组织管理、安全管理、运行管理、经济管理等维度，绩效考核小组根据项目公司不同经营时期设计相应的绩效指标和目标，并以此为依据进行项目的定期绩效考核。

小浪底北岸灌区工程 PPP 项目特许运营期长达 30 年，为保证项目的成功运营，按照《小浪底北岸灌区工程 PPP 项目合同》的约定，在运营期内政府应当组织专家或第三方机构对乙方项目设施的运营、管理、安全、服务情况等进行定期评估，并有权将评估结果向社会公示，接受公众监督。原则上每三年评估一次，特殊情况（如项目实际情况与投标时估计情况存在较大偏差）下可以实施年度评估，对问题予以处理或纠正。

5.3.4.8 灌区信息化管理监管

本项目的软件、硬件运行维护，自灌区信息化管理系统整体交付后，由项目实施单位负责运行维护管理工作，其中信息化硬件系统维护期为 3 年，信息化管理业务应用软件系统维护期为 1 年，包括整个项目涉及的软件升级、硬件正常运行维护、技术培训、运行维护方案的制订等，并配备专人进行具体工作的实施。维护期结束后由灌区管理单位负责系统软件升级、硬件正常运行维护等。政府方应定期检查灌区信息化管理单位对系统的维护情况，监督灌区管理单位切实履行自身职责，保证输水安全，延长工程寿命的重要措施。

信息化建设是根据小浪底北岸灌区的实际情况，结合灌区管理的实际需求，以提高灌区信息采集和处理的准确性以及传输的时效性，做出及时、准确的反馈和预测，为灌区管理部门提供科学的决策依据，全面提升灌区经营管理的效率和效能，实现灌区管理、调度、运行的现代化、信息化、精细化。

5.3.4.9 财务审计监管

政府方应对小浪底北岸灌区工程 PPP 项目进行定期的财务审计，着重审查支出、收入、成本和利润等财务数据，以确保财务数据的准确性和透明度。这种审计不仅要关注财务数据表面的支出与收入，还需要审查财务流程、会计准则的遵从性、内部控制体系以及财务风险等方面。通过审查这些关键要素，确保了项目财务的全面合规性。

审计不仅要核实财务报表的真实性和完整性，更要验证数据来源的准确性，确保财务报表符合国际财务报告准则（IFRS）或其他相关会计准则的要求。这有助于提高财务报表的可信度和准确性。

另外，审计还应关注并提供对财务管理中存在的问题和改进建议。通过审计发现的问题和建议，有助于项目管理层优化财务运作，改进管理效率，确保项目的财务健康和稳健运营。

5.3.4.10　运行标准监管

1. 控制运行

在灌区输水的控运管理中，必须明确注册登记、权限划界、控运计划报批、水闸调度、闸门操作、安全鉴定、设备等级评定及防汛值班等事项。这些工作是开展灌区管理的硬性要求，是水利工程开展标准化建设的基础。其主要包含灌区的基本资料、灌区的管理范围以及运行。

2. 工程观测

工程观测任务主要为监视灌区水闸运行期间状态变化和工作情况；分析研究观测资料，掌握工程运用情况和变化规律，验证原设计及实验的数据，提高管理水平。发现不正常现象，及时分析原因，采取措施，防止发生事故，并改善运行方式，保证工程安全。

观测工作要符合相关规范和规定要求，精度应符合要求；检查观测应按规定的内容（或项目）周期执行；检查记录和观测成果做到详尽、真实、准确；资料及时整理、分析并定期进行整编和归档；观测设施妥善保护，检测仪器和工具定期校验、维修。主要内容包括：人工观测、自动化观测、数据记录整编归档。

3. 工程检查

灌区水闸的工程检查是主要日常管理工作之一，根据不同时间及检查频率划分，主要包括经常检查、定期检查与特别检查。

工程检查的目的是监视水情和水流形态、工程状态变化和工作情况，掌握水情、工情变化规律，为正确管理与运用工程提供科学依据；能及时发现异常现象，分析原因，采取措施，防止发生事故；验证工程规划、设计、施工及科研成果，为发展水利科学技术提供基础资料。

5.3.4.11　公众监督

社会公众有权对本项目进行监督，向有关监管部门投诉，或者向项目公司提出意见。项目公司应按照适用法律要求，建立公众监督机制，依法公开披露相关信息，接受公众监督。政府方应当确保项目信息的公开透明，向公众和相关利益相关者提供项目的相关信息，以促进公众监督和参与。政府部门构建外部监管体系，不仅可以增加公众参与公共事务管理的话语权，更能够有效防止私人资本带来的弊端，最大化地实现公众利益。公众监督具有随时性、及时性、主动性的特征，可以有效减少项目负外部性产生的危害，追求项目更多的正外部性。

总体来说，这些监管在项目运行阶段发挥着重要的引导和监督作用，每种监管措施都有其独特的优势和局限性。综合运用多种监管措施，可以弥补各种单一监管手段的不足，确保对 PPP 项目进行全面、科学、有效的监管，提高项目的运行效率和效果。政府方监管措施的目的在于保障项目在运行阶段持续符合合同要求、相关法规和标准，并确保项目对社会和环境的影响得到控制，以维护公共利益和项目的可持续发展。同时，监管过程中需不断优化和完善监管机制，以适应不断发展的 PPP 项目需求，实现政府、社会资本方与社会公众的共赢。

5.4 项目进入运行期后的优化建议

项目进入运行期后，为确保其高效、可持续地运作，政府及相关管理机构应制定全面、科学的对策。

5.4.1 数据审查与核验

政府在项目运行过程中，不仅需定期接收运营报告，还应委派第三方机构或专业团队定期对数据进行审查与核验。这一过程可以通过设定标准化的数据审查流程来实现，确保数据的准确性和真实性，从而提升决策的科学性与有效性。建议引入现代数据技术，利用区块链等技术手段增强数据的不可篡改性和透明度，以建立公众信任。

5.4.2 智能监控与信息化系统

为了提高监管的精准度与时效性，项目应当部署先进的监控设备和信息管理系统，如遥感技术、GIS（地理信息系统）及物联网设备。这些系统应能对关键指标进行实时监测、数据分析和反馈。此外，信息化系统需根据实际需求不断更新与优化，确保其稳定运行，具备实时监测与预警功能，以增强应急响应能力。结合人工智能技术，能够实现数据的智能分析，为决策提供依据。

5.4.3 突发问题响应机制

在运营报告的基础上，项目应制定标准化的应急响应方案。针对异常情况的监测，建议构建快速反应机制，确保在出现突发事件时，能够立即组织专家或管理团队进行干预，并提出切实可行的解决方案。同时，定期举行应急演练，以提高团队的应变能力与协调能力。

5.4.4 动态风险与财务管理

随着项目的推进，政府应定期更新风险评估报告，尤其在突发环境事件或经济波动时。动态风险管理应涵盖自然灾害、市场风险及政策变化等多方面因素。财务管理需根据项目实际运营情况，灵活调整审计频率与重点，确保财务管理与项目运营的相符性。同时，定期引入外部审计机构，提升财务数据的准确性和透明度，以增强各方对项目财务状况的信任。

5.4.5 合同与法律审查

项目在运营过程中，应建立明确的合同变更机制，以适应市场或政策的变化。定期进行法律审查，确保项目运营的合规性，避免潜在纠纷。建议开展法律合规培训，帮助项目公司及时了解并遵循最新的法律法规。此外，项目可考虑建立法律咨询机制，随时解答运营过程中可能遇到的法律问题。

5.4.6　环境与安全合规审查

项目运营必须符合环境保护规定，每年应进行环境影响评估，特别是在水资源利用和废水排放方面，确保合规性。同时，政府应定期组织安全检查和设备维护，尤其在汛期前进行全面的技术检查，以保障项目的安全运行。建议建立环境监测网络，通过实时数据监测与评估，及时发现和解决环境问题。

5.4.7　应急演练与公众反馈

定期组织项目人员进行应急演练，增强对突发事件（如洪水、设备故障等）的应对能力。同时，建立高效的公众反馈机制，确保公众意见得到及时处理，促进透明度与公众参与度的提升。通过开展定期的公众咨询活动，增强与社区的沟通，确保项目运营的可持续性。

5.4.8　绩效考核与标准规范化

根据项目的实际表现，动态调整考核指标，实施长短期结合的考核机制。进一步规范项目运营标准，制定详细的操作规范与检查流程，以确保项目持续安全运行。绩效考核应侧重多维度的评估，不仅包括经济效益，也涵盖环境和社会影响，保障项目全面可持续发展。

5.5　运行期政府方监管提升策略

5.5.1　加快转变政府职能，明确政府监管主体的定位

加速水利工程 PPP 项目的发展，需要尽快实现政府的职能转变。小浪底北岸灌区工程 PPP 项目的建设与运行一直由政府牵头，反映了政府在这方面的特殊愿望。PPP 模式在我国的推行，彰显出我国的政府职能转型势在必行。政府要转变过去水利工程项目的经营主管地位，通过简化管理和下放权力，使其发挥更大的指导、组织和服务作用，促进小浪底北岸灌区工程 PPP 项目政企协调发展。

（1）政府职能的转变，从“管理者”到“服务者”。在计划经济初期，城市基础设施建设由政府控制，政府对市场的干预更为严重。PPP 模式的引进促进了我国的行政管理体制由“监管者”向“服务者”的转变，由市场导向逐步走向“服务型”。同时，要充分考虑小浪底北岸灌区工程PPP项目建设中存在的问题,并充分发挥其自身的作用。

（2）从“全能”到“有限”，政府相关行业主管部门职能范围的转变。由于受计划经济体制的制约，城市公共设施的建设项目是一向由政府财政支出的投资，从而保证政府对其进行控制和干预。致使我国的政府部门要承受较大的经济压力，进而造成资金

流转不畅等问题。而在水利工程行业 PPP 模式的项目中，政府所要做的就是放弃“全方位、立体化、多面化”的操作。在此基础上，参与项目的各方应当充分发挥社会力量，发挥自身的作用，共同建设水利工程。在规划实施过程中，要发挥政府相关行业主管部门的主导和监管功能，最大程度地发挥其在水利工程中的优势，以提升工程的运营效益，保护公众用水权益。

5.5.2 加强跨部门协同与政策执行力度

为确保项目的顺利运行，政府需加强跨部门的协调与合作，通过建立高效的协作机制来强化对项目公司的综合监管。各相关部门应定期召开联席会议，共享信息，并通过共享资源和信息平台来提升政府的监管效率。此外，政府应通过强化信息化手段，提升各部门之间的联动性，确保政策的执行与资源配置达到最佳效果。有效的跨部门协作不仅能提升项目实施的透明度，还能帮助政府及时发现并解决项目中出现的问题，避免资源浪费和不必要的行政干预。

5.5.3 完善法规与政策支持体系

政府应建立与项目运行相关的法规体系，并根据实际发展需要，出台灵活的调整性政策，为项目公司提供法律保障，确保项目合规并可持续发展。政策体系应保持动态更新，与水利行业的最新发展趋势同步，同时加强法律和政策的贯彻落实，确保项目各方权益得到保障，促进项目长期健康运营。

5.5.4 制定完善的应急响应与支持机制

政府应建立完善的应急管理机制，提供政策性支持与资源调度保障，以应对突发事件，确保项目的持续稳定运营。在应急管理过程中，政府应加强与社会资本方的协调，确保突发事件不会对项目产生负面影响。同时，政府应做好预警机制和应急预案的制订，确保在危急情况下能迅速响应并采取有效措施，避免重大损失或运营中断。

5.5.5 优化政府方监管方式

5.5.5.1 完善政府与社会资本方 PPP 履约监管的协议

完善的 PPP 履约合同是确保水利工程 PPP 项目顺利运行的关键。政府应在项目的运行期，建立更加完善的履约监管体系，明确政府与社会资本方的各自权责。政府应持续关注合同中关于项目投资回报、成本调整、争议解决及协商机制等条款的执行情况，确保项目在运行过程中能够按照既定目标稳步推进。

在运行阶段，政府方应在建设阶段履约监管体系的基础上，完善运行期的监管体系，确保合同约定的服务标准、质量要求等持续得到履行。具体来说，政府需要建立动态管理机制，针对不同的运行问题采取具体监管措施，及时纠正可能出现的问题，确保项目高效、安全运行。

政府方的监管职能应确保各方在履约过程中能平等协作，避免权力不当干预。政府应仅保留在水利工程 PPP 项目中获取施工过程相关信息的权利，并监管承包商和分包商的选择，保障运行期内的项目执行符合预定目标。

此外，政府还应通过动态的合同管理体系，强化对运行期 PPP 合同的管理，特别是在长期项目运行中，合同执行的不可预见性要求政府与社会资本方进行动态协作，以应对未来的不确定性。在解决项目实施过程中的不可预见问题时，政府应与企业联合成立专家委员会，引入第三方评估，确保合同在运行期内的调整和更新能够及时有效地落实。

5.5.5.2　充分发挥运营管理专业人才优势

在水利 PPP 项目的运行阶段，政府应通过引入社会各界专业人才，尤其是水利工程灌区输水和运行管理领域的专家，以提升项目的运行管理水平。政府可通过社会招聘、人才引进等方式，组建一支具有丰富经验的运行管理团队，设立安全、维修、服务等专业部门，确保各个环节的顺利运行。通过委托专业化的运行管理人才，政府能够细化对运行期各项事务的监管，包括日常监督管理和细节控制。专门的管理团队可帮助政府加强对项目实施过程的持续监督，确保项目能够根据预期目标和合同要求高效运行。

5.5.5.3　巩固系统履约监督管理的有效性

为确保水利 PPP 项目在运行期的顺利进行，政府应强化履约监督管理，特别是在项目运行阶段。通过公开招标、引入专业咨询机构等方式，政府可建立完善的信息平台和管理制度，对委托方的管理体系进行系统评价，并持续完善。政府在运行期内需依托日报、周报、月报、年报等报告形式，建立完整的运行管理和应急管理体系，定期进行各项运行指标的检查。通过这样的系统化监督，政府可以及时发现运行中的问题，并对症下药，避免项目运行中的潜在风险。

在履约监督过程中，政府还应借助第三方专业机构的经验与技术，帮助提升监管效果，确保委托方在项目运行中按照合同要求履行各项职责，降低运行风险。

5.5.5.4　加强沟通促进交流

在 PPP 模式下，政府方与社会资本方之间的合作关系必须在运行期内持续维系。为了确保项目的高效运行，政府应推动定期的跨部门和跨机构的协调会议，建立长期有效的沟通机制。

在项目运行期间，政府方和社会资本方应通过建立协调领导小组，明确各类争议的解决机制，共同推动资源投入和风险分担。通过这种机制，双方可以更好地协商项目的运行方式，优化资源配置，提升运行效率。政府应鼓励项目各方通过沟通和协作，共同解决运行中遇到的难题，确保项目的长期稳定运行。

5.5.5.5　提高行业经营管理水平

在运行期，政府方和社会资本方之间的关系应通过互相促进和制约来优化。为了确保项目的运行安全和服务质量，政府需加强对社会资本方的绩效监管，确保项目能够达到既定的运行目标。政府应确保在满足合同约定的前提下，鼓励社会资本方不断优化自身的经营管理模式，通过创新管理理念和技术手段，不断提高运行效率。政府和社会资本方之间的良性互动将推动管理理念的创新与发展，为未来的水利 PPP 项目积累宝贵的经验和管理成果，提升整个行业的运行管理水平。

5.6 本章小结

本章深入探讨了小浪底北岸灌区工程 PPP 项目在运行期的政府监管措施，旨在确保项目高效运行并维护公共利益。首先，概述了政府监管的基本概念和主体，明确了监管的必要性，并在理论和现状分析的基础上，探讨了小浪底北岸灌区工程 PPP 项目在运行期的政府监管经验，为同类型项目提供了宝贵的参考。在运行期监管措施方面，提出了一系列具体的监管内容和方法，包括服务质量和绩效考核、运营成本和价格监管、风险管理和应急响应等，以确保项目公司能够规范运营并达到预期目标。此外，还强调了政府监管在项目成功运行中的关键作用，并提出了优化建议，以推动小浪底北岸灌区工程 PPP 项目在运行期间取得更好的成效，实现社会公共利益的最大化。通过这些措施，本章为小浪底北岸灌区工程 PPP 项目的长期稳定运营提供了坚实的理论和实践支持。

第 6 章　小浪底北岸灌区投资效果评价

6.1 概　述

6.1.1 PPP 项目投资效果评价概念

PPP 项目投资效果评价是一种客观的分析方法，在项目建设完成并运营一定时间后，对照项目可行性研究报告及审批文件的主要内容，与项目建成后所达到的实际效果进行对比分析，找出差距及原因，总结经验教训，提出相应对策建议，以不断提高投资决策水平和投资效益。经过对项目投资结果的分析，可以实现对项目投资决策情况的总结和反思，了解项目实际建设情况与计划的差距，判断其计划目标是否实现。另外，通过将计划与实施结果对比，以全面、客观地分析项目实施过程中的经济、社会、环境效益情况，找出问题并进行原因分析，积累经验，总结项目实施的不足之处。在 PPP 项目进入运营阶段一定时间后进行投资效果评价，能够明确项目各主体参与单位的职责与分工，强化项目各参与方的责任意识，有利于提高项目有关人员的责任感和工作成效。

6.1.2 PPP 项目投资效果评价的特点

6.1.2.1 规律性

尽管不同类型项目、不同时点的投资效果评价的评价内容和深度会不同，但评价的最终目的是从项目实施结果中发现具有规律性的东西，揭示项目实施中存在的问题和原因。基于此，项目投资效果评价需注重选取那些能够反映项目实施实质问题的关键指标作为评价的内容。

6.1.2.2 可比性

项目投资结果分析旨在将项目实施的结果与决策初的目标进行比对，对项目执行的过程进行检查，系统总结经验和教训，从而将反馈信息及时输入新的项目决策活动中，因此所选的指标必须具有可比性。

6.1.2.3 长远性

项目投资结果分析并非对项目前评估指标或可研报告中的指标进行重复计算，而是依据国家经济和社会发展长期计划、产业政策、地区发展政策和相关法律制度对项目决策和项目实施过程进行严格评价。

6.1.3 国内外研究现状

6.1.3.1 国内研究现状

目前，国内关于 PPP 模式的研究也在日臻完善。王守清（2019）认为 PPP 项目的后评价一定要由独立的第三方进行评价才能体现客观性，对 PPP 项目的后评价体系至少应包含效益的后评价、影响的后评价、可持续性后评价、综合后评价以及伙伴关系后评价五大块。孙慧、王煊昂、李淙等（2020）提出要从动态管控角度对 PPP 项目进行绩效评价，可采取平衡计分卡、关键指标（KPI）法、项目管理成熟度模型等方法进行评价。董娜、张萌（2019）建立起以项目目标、项目过程、项目效益三大块为一级指标，采用三标度法、物元可拓法模型对成都天府新区某综合管廊 PPP 项目进行了投资效果评价。张天佑、泮俊（2019）在现有中央政府投资项目后评价的基础上，以舟山大陆连岛工程金塘大桥为例，综合运用逻辑框架法、对比法、调查法以及专家打分法对项目的目的、执行过程、效益、作用和影响进行评价。陈泓洁（2020）利用专家调查法和层次分析法（AHP），结合现有的项目后评价评分表，重新确定了项目后评价指标的权重，并采用模糊综合评价法对 PPP 项目进行实证应用。姚钊齐（2020）从技术进步、经济效益和社会影响三个方面确定了评价指标，选取层次分析法和物元可拓法相结合的方式，构建了变电站工程项目后评价的评价模型。赵磊、宋之杰等（2021）从经济和技术两方面选择评价指标，分别从项目实施效果角度和项目投入产出角度，选择成功度法对项目进行后评价。

6.1.3.2 国外研究现状

早期，国外 PPP 项目评价的对象仅仅局限于项目财务维度，随着项目评价内容的不断完善，项目投资效果评价的基本方法和内容也从财务单一评价扩充到经济评价、环境和社会评价等方面，评价的内容不断完善。在评价方法上，1915 年，Donaldson 发明“杜邦分析法”，通过财务比率的关系，对企业效益进行综合分析评价；20 世纪 70 年代，Saaty 提出“层次分析法”，将决策问题分为不同的层次结构进行分析，综合考虑了各层级因素对总目标的影响，使得分析的内容和结果更加全面客观；1992 年，Robert Kaplan 和 David Norton 在《哈佛商业评论》刊发了“平衡计分卡法”，改变了传统的通过财务角度衡量企业效益的方式，从财务、客户、内部运营、学习与成长四个角度来评估企业的前瞻性投资。在评价角度上，Goran Mladenvoic（2013）从不同利益相关者的角度探讨了关键绩效指标在 PPP 项目监控中的应用；Caiyun Cui、YongLiu、Alex Hope（2018）通过对现有 PPP 项目的研究，来探讨 PPP 基础设施项目的研究现状、趋势和差距，并通过对 PPP 项目发展不同阶段的词频分析、聚类分析等方法，找到 PPP 项目的评价内容；Felix Villalba-Romero 和 Champika Liyanage 选择了欧盟 13 个道路 PPP 项目，来验证绩效度量系统在 PPP 项目评估中的作用。在评价内容上，Anna M.Gil-Lafuente（2011）从宏观环境、经济效益、项目内部流程、创新与环保五个维度出发，提出了 PPP 项目绩效评价的方法；Mohammad A.Hassanain（2020）通过界定和审查相关文件、文献审查确定绩效指标、编制和收集利益攸关方的问卷调查答复、收集实物测量等方式，结合定性和定量的后评价分析，提出了包括技术、职能和行为等三大要素的 PPP 项目投资效果评价方法。

通过对国内外的文献研究发现，PPP 项目投资效果评价在评价方法、评价内容上都有了较为丰富的研究，尤其是在绩效评价、风险评价等方面，相关学者都进行了深入的探讨。本章试图借鉴国内外已有的研究理论，结合小浪底北岸灌区工程 PPP 项目的特点，构建具有大型灌区特性的 PPP 项目投资效果评价体系，为大型灌区工程 PPP 项目的健康发展建言献策。

6.1.4 PPP 项目投资效果评价的意义

6.1.4.1 提升项目决策水平和提高投资效益

现阶段政府投资项目总体上都取得了较好的效果，项目建成后对于所在地区的经济发展都产生了一定的积极意义。但是，部分政府投资项目在具体实施过程中，经常受到一些因素的干预，出现先实施后论证的情况，从而使项目建议书和可行性研究不能充分发挥作用。有些项目的实际工期和建设总投资超过设计概算，建成投产后的实际使用效益也未能达到设计要求。针对上述情况，通过开展项目投资效果评价，对项目实施情况进行评价，有助于项目决策者结合实际情况进行决策，提高解决问题能力和风险预警能力，有效提高项目的投资效益。

6.1.4.2 提高项目管理水平，实现项目科学化管理

在我国投融资体制改革逐步深化的背景下，事中事后管控已经取代事前审批，成为项目投资监管的重点。通过开展全生命周期项目后评价，在项目的各个阶段，运用项目实施过程中的数据、资料，准确分析项目管理中存在的漏洞和不足，总结经验教训，最终形成科学客观的评价结果，为提高项目管理水平提供帮助。另外，结合项目后评价的结论与项目实践经验，能够帮助项目各参与方完善相关机制，明确职责，强化主体责任意识，从而使项目管理更加科学与精细。

6.2 投资效果评价的必要性和特点

6.2.1 投资效果评价的必要性

作为国务院确定的 172 项节水供水重大水利工程之一和河南省现代水网建设中的重要组成部分，小浪底北岸灌区的顺利建设与运营将打通农田灌溉的“最后一公里”，实现灌区渠系与高标准农田相衔接，是灌区粮食安全的重要保障。结合国内外 PPP 项目经验，重建设轻运营是当前导致 PPP 项目失败的重要原因。目前，小浪底北岸灌区建设阶段已经结束，进入 30 年的超长运营阶段，为保证项目顺利运营、顺利移交，在小浪底北岸灌区 PPP 项目进入运营阶段且平稳运营一段时间后，须开展针对本 PPP 项目建设准备阶段、建设阶段、运营阶段的投资效果评价，及时总结经验、吸取教训、调整方向势在必行。本章试图提前建立一套针对小浪底北岸灌区 PPP 项目的投资效果评价模型，为进入运营阶段的投资效果评价提供理论保障。

6.2.2 投资效果评价的特点

6.2.2.1 多学科交叉性

小浪底北岸灌区工程 PPP 项目是一个将人与自然紧密联系在一起的复杂系统，对工程项目的评价应基于不同的学科角度。水利工程学方面的学者更注重人工操作系统方面的评价与研究，在指标体系确立时侧重关注工程建设的各种质量、安全性，工程建设管理的科学性、规范性，完工进度等指标，工程效果上关注有效水利用系数，新增灌溉面积、防灾减灾效益等客观性指标。生态环境学方面的研究关注灌区工程建设对灌区生态环境的改变和影响；农学关注灌区种植制度，光、热、水等的最优组合；而管理学主要研究灌区管理体制、管理制度、运行机制、管理者构成和能力、资金和技术等。

6.2.2.2 管理者与工程用户体验相结合

小浪底北岸灌区工程 PPP 项目涉及灌区居民、企业、灌区管理单位等诸多利益相关者，使得评价者在评价时必须考虑到利益相关各方的关注重点和体验。灌区居民是灌区工程最主要的利益相关者，因此除从管理者角度进行评价外，还需关注灌区居民对工程产出的体验。供给学派认为，在供求关系中关注的重点应该是有效供给。需求刺激仅仅造就经济短期繁荣，而注重规模与质量的有效供给和对需求的回应与引导则是中长期经济社会发展的持久动力。

6.2.2.3 评价目标具有多元性

从评价的目标来说，灌区工程可以从效率、效果、影响和可持续发展的角度进行评价。工程的效率评价是指对工程投入与产出进行分析和评价；工程的效果评价是指对工程产出对其具体要实现的目标的作用进行分析和评价；工程的影响评价是指对工程具体目标对其最终要实现的目标的作用进行分析和评价；工程可持续发展评价则是综合考虑工程的效率、效果、影响和可持续发展性的评价。本次评价是关于工程效果的后评价。

6.2.2.4 评价指标难以量化

灌区工程是一个复杂的系统，涉及工程建设和管理，因此除部分评价指标可以量化外，大多指标都难以量化。尤其是基于公共管理角度的评价更是会涉及很多定性类的指标，为使研究结果可尽量客观，同时又使研究过程尽量可行，工程效果评价可以对部分指标采用间接指标进行测量，对确实难以量化的指标则通过文字描述进行对比。

6.3 小浪底北岸灌区工程 PPP 项目投资效果评价指标体系

6.3.1 小浪底北岸灌区工程投资效果评价指标选取原则

小浪底北岸灌区工程 PPP 项目投资效果评价指标体系的构建是开展投资效果评价的关键环节，它将直接影响分析结果的科学性与合理性。指标体系是个复杂的整体，每个指标之间互相独立却又互有关联，可以反映出建设项目与外部的关系以及其自身的特点。建设项目应根据自身项目特征、实际建设条件设计投资效果评价指标体系，结合文献研究及项目实际，政府视角下的小浪底北岸灌区 PPP 项目指标体系建立应符合下列原则。

6.3.1.1　科学性原则

创建投资效果评价指标体系的基础原则是科学性原则，无论是具体的指标选取，还是确定指标权重，都需要满足科学性这个基础性原则。主观因素容易使评价结果出错，坚持科学性原则并采取一定的措施规避主观因素的影响，才能客观公正地反映投资分析结果。

6.3.1.2　系统性原则

大型灌区工程本身就是一个复杂庞大的系统，鉴于此，其投资效果评价指标的建立应能够从各个角度系统、全面地反映项目的投资与建设情况，指标体系的创建应具备条理性，从各个层面逐层贯入，逐层细化，确保每个指标之间相互独立而又互有联系，从而搭建起一个完整且又适用于投资效果评价的指标体系。

6.3.1.3　简明性原则

投资效果评价指标体系在满足科学性原则与系统性原则的前提下，容易造成指标过多、收集资料难度大及指标权重确定难度大的问题。若指标太少，则无法全面、真实地反映出项目的真实情况，分析结果将不具有说服力。因此，指标体系的确定，应当是在满足全面性的前提下，减少指标的数量，选取最独立与最具有代表性的指标，尽量避免信息反复、交叉、紊乱，做到简练明了并有利于项目的分析。

6.3.1.4　独立性原则

建立小浪底北岸灌区工程 PPP 项目投资效果评价指标体系时，评价指标要剔除重叠部分，保证指标具有独立性与代表性，不存在横向的重叠，既能对各方面有所评估，又能够精准而又简约地体现项目实际建设效果。

6.3.1.5　可操作性原则

在选取灌区工程 PPP 项目投资效果评价指标体系时，需要全面反映项目的实际情况，但不是所有指标都是可精准测算的。由于指标信息获取难度大甚至不能获取，容易导致指标无法测算，无法真实反映项目的实际情况。指标选取时，要侧重指标设计的可操作性，应选取适当的可替代指标，使指标信息更易于收集、便于操作，从而保证投资效果评价工作的顺利推进。

6.3.1.6　选择主效益原则

小浪底北岸灌区工程 PPP 项目的效益系统是一个相当庞杂的系统，所产生的经济、社会和生态等效益都不是单一的，是相互关联在一起的，彼此密不可分。评价如此庞杂的效益，所存在的客观困难相当大，是可以预见的，因此投资效果评价要解决的一个重要问题是建立一套切实可行的指标体系，然而这套指标体系又不能包罗万象，需要鉴别并选择主要的效益构建一套可行的指标体系，即坚持选择主效益原则。尤其是对不易明确量化的部分，倘若忽略其不至于影响整体效益评价的结果，对此类的次要效益可以忽略。

6.3.2　指标体系的构建

在广泛查阅国内外文献和开展案例研究的基础上，结合小浪底北岸灌区 PPP 项目实际，根据政府部门对小浪底北岸灌区 PPP 项目关注的重点及投资效果评价指标体系设计的原则，分析影响项目投资效果的指标因素。经过分析归纳，建立了小浪底北岸灌区工程 PPP 项目投资效果评价指标体系，将指标分为 3 个层次，一级指标是影响小浪底北岸灌区工程 PPP 项目投资效果的因素类别，包括项目过程、项目效益、项目满意度 3 个方面；二级指标中项目过程从前期准备阶段、建设阶段、运营阶段 3 个方面进行分析，项目效益从经济效益、社会效益、生态效益 3 个方面进行分析，项目满意度从政府方满意度、社会公众方满意度、社会资本方满意度 3 个方面进行分析；三级指标包括 VFM 评价工作等 30 个指标，指标体系如表 6.1 所示。

表 6.1　小浪底北岸灌区工程 PPP 项目投资效果评价指标体系

名称	一级指标	二级指标	三级指标
小浪底北岸灌区工程 PPP 项目投资效果评价指标体系	项目过程	前期准备阶段	VFM 评价工作
			招标投标程序
			实施方案
			财政承受能力
		建设阶段	融资管理
			进度管理
			安全管理
			成本管理
			风险管理
			质量管理
			人员管理
		运营阶段	服务定价合理性
			设备设施维护
			运营成本管理
			实时监测机制
			安全应急管理
	项目效益	经济效益	内部收益率
			农业灌溉
			城镇供水
			供水成本
		社会效益	保障区域粮食安全
			改善灌区生产生活条件
			增加农民收入
			行业内示范效应
		生态效益	地下水改善程度
			地面植被覆盖率
			灌区生态系统改善程度
	项目满意度	项目满意度	政府方满意度
			社会公众方满意度
			社会资本方满意度

6.3.3 指标分析

6.3.3.1 项目过程指标

1. 前期准备阶段

（1）VFM 评价工作：项目物有所值评价结论。

（2）招标投标程序：招标投标程序规范性、完备性。

（3）实施方案：实施方案编制完整度、合理性。

（4）财务承受能力：政府财政承受能力评价结果。

2. 建设阶段

（1）融资管理：融资结构合理性，资金到位情况。

（2）进度管理：进度计划编制及进度目标实现情况。

（3）安全管理：安全文明施工制度及事故发生情况。

（4）成本管理：成本管理措施及成本控制情况。

（5）风险管理：风险发生及解决情况。

（6）质量管理：质量管理体系建设及质量验收情况。

（7）人员管理：考勤、培训等制度及人员资质情况。

3. 运营阶段

（1）服务定价合理性：用户支付价格、政府补贴价格合理性。

（2）设备设施维护：生产设备、附属设施养护维修情况。

（3）运营成本管理：运营成本构成及管控情况。

（4）实时监测机制：实时监测设备设置及故障上报及时性。

（5）安全应急管理：应急预案完备性、事故上报抢修及时性。

6.3.3.2 项目效益指标

1. 经济效益

（1）内部收益率：按照投资效果评价时的实际数据，编制财务报表等，重新计算项目的内部收益率，并与可研报告对比分析。

（2）农业灌溉：灌区建成后，水源可以得到充分的供应，农业灌溉条件得到改善，灌区农业灌溉保证率得到提高；同时，灌区改造可以带动农副产品的发展，农业增产得到提高。

（3）城镇供水：小浪底北岸灌区工程不仅为灌区内农业灌溉提供水源，同时满足济源市、沁阳市及孟州市的城市生活和第二、第三产业，以及灌区内的乡镇企业用水需求。

（4）供水成本：供水成本费用包括基本折旧费、大修理费、燃料动力费、工资及福利费、工程维护费、管理费和水资源费等，成本费用计算中不考虑投资利润及税金。

2. 社会效益

（1）保障区域粮食安全：小浪底北岸灌区工程的建成对缓解灌区供水矛盾，保障旱灾、涝灾时的粮食安全问题有积极的作用。

（2）改善灌区生产生活条件：灌区建设提高了有限土地的产出率，促进农民增产丰收。灌区建设加速了当地经济发展，改善了当地人民的生产生活条件，提高了人民生活质量。

（3）增加农民收入：伴随着灌溉工程一步步地完善，农作物灌溉覆盖率的逐年提高，农业产业结构优化调整，充沛水资源的保障，更多高产稳产的经济作物产出，农业用水用量及水价的降低，最大程度的降低了生产成本，从而使灌区人民增收获益。

（4）行业内示范效应：灌区的建成为其他项目的建设提供了经验。

3. 生态效益

（1）地下水改善程度：灌区的建成降低当地居民私自打井开采地下水资源的情况，同时一定程度上对地下水位进行补给，减缓或阻止地下水位的下降速度，保证地下水位的稳定。

（2）地面植被覆盖率：灌区要求渠道两旁种植植物，防止风沙对灌区的侵蚀破坏，改善灌区周边的生态环境。

（3）灌区生态系统改善程度：灌区渠道建设后采用混凝土护坡防止水土流失，提供水生动植物栖息地，维持生态功能，本次灌区建设项目的完成能够对辖区生态环境起到很好的保护作用。

6.3.3.3 项目满意度

（1）政府方满意度：解决财政压力，满足基建需求，解决社会问题。

（2）社会公众方满意度：服务方便、价格合理。

（3）社会资本方满意度：按时竣工、效益明显、质量合格。

6.3.4 指标权重的确定

6.3.4.1 指标权重确定方法分析

目前，常用的权重确定方法有十余种，根据其赋权特点大致分为两类，即主观赋权法和客观赋权法。

1. 主观赋权法

主观赋权法是根据主观价值判断进行指标权重确定的一类方法，其取决于专家的知识结构、个人喜好等，虽然这种方法很好地表达出主观意愿但是欠缺科学性与稳定性，存在明显的缺陷，一般适用于数据收集难度高、信息难以准确掌握的情况。常见的主观赋权法有德尔菲法、层次分析法、环比评分法等。

（1）德尔菲法。

德尔菲法，又称专家咨询法，通常采用匿名的方式广泛征集专家意见，经过多次的信息交流及修正反馈，使得专家意见趋于一致，然后进行数据汇总分析。德尔菲法的优点是能够发挥各个专家的特长，避免了常规的专家会议法中存在的部分专家碍于情面，或者碍于部分专家的权威不愿意或不敢提出不同意见的问题。

（2）层次分析法。

层次分析法是由美国的托马斯·塞蒂提出的一种将定性问题转化为定量问题的数学方法，能将复杂的问题系统化、层次化。其核心是将问题层次化，构建一个层次结构并在各项要素之间进行判断，以此为基础进行定性分析和定量分析。

（3）环比评分法。

环比评分法，又称 DARE 法，是通过确定各项因素重要性系数来进行评价与方案选择的一种方法，其步骤如下：

①依据功能系统图确定功能级别、功能区域；

②依据相邻两要素的重要性进行对比性打分，将所得分数暂定为重要性系数；

③进行暂定重要性系数修正，并且对各项指标打分（分数不能为 0），且修正系数应当为暂定系数的倍数；

④各功能修正重要性系数除以全部修正重要性系数之和，得到各功能区权重。

2. 客观赋权法

客观赋权法是采用数理统计的方法对各项指标进行分析处理，最终得出权重的一类方法，其特点是所有数据均来源于原始数据，而非依据个人经验等获得，具有较强的规范性。常用的客观赋权法有熵值法、变异系数法、主成分分析法等。

（1）熵值法。

熵值法是德国的物理学家克劳休斯在 19 世纪 50 年代提出的，通过熵值法可以确定某个指标的离散程度，进而确定该指标相对其他因素的重要性。指标的离散程度越大则表明该指标对被评价对象的影响越大，因此该指标权重就越大，反之该指标权重就越小。

（2）变异系数法。

该方法直接利用各项指标包含的信息通过计算确定指标权重，其基本做法为：在已构建的指标体系中，指标取值差异越大指标越难实现，这种指标更能够反映对被评价对象的影响，赋予的权重也就越大。其步骤为：

①计算变异系数；

②计算各项指标变异系数的比重作为其权重。

（3）主成分分析法。

该方法是从被评价对象的众多指标中，选出较少的且具有代表性的指标进行分析研究的方法，其特点为用较少的统计指标代替较多的统计指标，它要求这些被选取的少数指标既能尽可能多地反映原来指标的信息，又相互之间没有联系。这种方法有效消除了评价指标之间的相互影响，大大减少了计算工作量。

主观赋权法和客观赋权法均具有自身的优缺点。主观赋权法研究理论更为成熟，计算量小，但过于依赖人的主观经验；客观赋权法仅使用原始数据，没有参考专家的经验与意见，评价结果与实际情况往往有较大出入。本书通过对主客观赋权方法进行对比分析，拟采用将德尔菲法与熵值法相结合的“结构熵权法”来确定指标权重，以期克服主客观赋权法单独使用时可能出现的不足，使赋权更科学合理。

结构熵权法是一种改进的熵权法，其基本思路是：通过分析被评价对象各项指标之间的关系，将指标分解为若干独立的层次结构，对指标的重要性进行排序形成典型排序矩阵，利用熵理论对典型矩阵的不确定性进行定量分析，进而计算熵值并进行盲度分析，对潜在的偏差数据进行统计处理，得出同层次各指标的相对重要性排序，确定各指标权重。采用结构熵权法确定评价指标权重的具体方法如下。

（1）专家对各项指标打分，形成典型排序矩阵。

利用德尔菲法，邀请建筑结构安全性鉴定领域的专家对各项指标的重要程度进行排序。假定有 k 位专家，每位专家的打分对应为一个指标集，设该指标集为 $C=(C_1,$

C_1，…，C_n），指标集对应的数组为（a_{i1}，a_{i2}，…，a_{in}），最终得到 k 个专家指标集构成的排序矩阵，记作 A［$A=(a_{ij})_{k\times n}$，i=1，2，…，k；j=1，2，…，n］，其中 a_{ij} 代表专家 i 对第 j 个指标 C_j 的评价情况，a_{ij} 取{1，2，…，n}中任意数，且取值越小，对应的指标重要程度越高。

$$A=(a_{ij})_{k\times n}=\begin{bmatrix} a_{11} & a_{12} & \cdots & a_{1n} \\ a_{21} & a_{22} & \cdots & a_{2n} \\ \cdots & \cdots & \cdots & \cdots \\ a_{k1} & a_{k2} & \cdots & a_{kn} \end{bmatrix}$$

（2）对典型排序矩阵进行“盲度分析”。

专家调查得到的数据可能存在一定的偏差或不确定性，为了减小这种不确定性，研究中需要对定性判断结果进行分析、处理，也就是运用“熵”理论计算指标熵值，进而对典型排序矩阵进行“盲度分析”。定性排序转化的隶属函数为：

$$X(I)=-\lambda p_n(I)\ln p_n(I) \tag{6.1}$$

令 $p_n(I)=\dfrac{m-I}{m-1}$，$\lambda=\dfrac{1}{\ln(m-1)}$，其中，$I$ 代表专家对指标的排序值，假设 $m=t+2$，t 为排序中实际最大顺序号。又令

$$\frac{X(I)}{\left(\dfrac{m-I}{m-1}\right)}-1=\mu(I) \tag{6.2}$$

则转化隶属度函数为：

$$\mu(I)=\frac{\ln(m-I)}{\ln(m-1)} \tag{6.3}$$

式中：μ 是在 [0，1] 上的变量，μ（I）为 I 对应的隶属度函数值，将 $I=a_{ij}$ 代入式（6.3）可以将排序数转化为隶属度 $b_{ij}=\mu(a_{ij})$。令 $C(a_{ij})=b_{ij}$，则隶属度函数为 B［$B=(b_{ij})_{k\times n}$，i=1，2，…，k；j=1，2，…，n］。假设本次调查中涉及的专家话语权一致，则对指标 C_j 的平均认知度为

$$b_j=\frac{b_{1j}+b_{2j}+\cdots+b_{kj}}{k} \tag{6.4}$$

定义专家对指标认知的不确定性为认知盲度，记作 Q_j（$Q_j>0$）。

$$Q_j=\left|\frac{\left[\max(b_{1j},b_{2j},\cdots,b_{kj})-b_j\right]+\left[\min(b_{1j},b_{2j},\cdots,b_{kj})-b_j\right]}{2}\right| \tag{6.5}$$

定义 k 位专家对指标 C_j 的总认知度为 x_j，且 $x_j>0$，则

$$x_j=b_j(1-Q_j) \tag{6.6}$$

即得专家对指标 x_j 的评价向量 X=（x_1，x_2，…，x_n）。

（3）计算指标权重。

对评价向量 X 进行归一化处理，可得

$$\omega_j = \frac{x_j}{\sum_{j=1}^{n} x_j} \tag{6.7}$$

可得各指标权重 $\omega_j=\{\omega_1, \omega_2, \ldots, \omega_n\}$。

6.3.4.2　小浪底北岸灌区工程 PPP 项目投资效果评价指标权重计算

本文采用结构熵权法确定小浪底北岸灌区工程 PPP 项目指标体系中各项指标权重的大小，以项目过程（C_1）、项目效益（C_2）、项目满意度（C_3）共 3 个一级指标为例进行分析，确定指标权重的过程如下：

（1）依据专家意见，构建排序矩阵。邀请 5 位在小浪底北岸灌区工程 PPP 项目工作 2 年以上或具有 PPP 工作经验且拥有高级及以上职称的专家采用不记名的方式进行打分，通过询问和反馈最终形成“排序矩阵”，5 个一级指标对应的排序矩阵（a_{ij}）$_{5\times3}$ 如下：

$$(a_{ij})_{5\times3} = 1\begin{bmatrix} 1 & 1 & 2 \\ 1 & 2 & 2 \\ 1 & 1 & 2 \\ 2 & 1 & 1 \\ 1 & 1 & 1 \end{bmatrix}$$

（2）利用熵权法进行盲度分析，求解总体认知度。依据公式（6.3），将（1）中获得的排序矩阵代入到隶属度矩阵进行计算，可得量转化矩阵（b_{ij}）$_{5\times3}$ 如下：

$$(b_{ij})_{5\times3} = \begin{bmatrix} 1 & 1 & 0.792\,5 \\ 1 & 0.792\,5 & 0.792\,5 \\ 1 & 1 & 0.630\,9 \\ 0.792\,5 & 1 & 1 \\ 1 & 1 & 1 \end{bmatrix}$$

（3）进行归一化处理，得出指标综合权重。

对评价向量 X 进行归一化处理，得到 3 个一级指标对应的权重，分别为 ω=（0.343 4，0.343 4，0.313 2）。权重计算过程见表 6.2。

表 6.2　一级指标权重计算

排序号 \ 计算值	C_1	C_2	C_3
专家 1	1	1	2
专家 2	1	2	2
专家 3	1	1	2
专家 4	2	1	1
专家 5	1	1	1
b_j 均值	0.958 5	0.958 5	0.843 2
X_j	0.898 8	0.898 8	0.819 8
ω_j	0.343 4	0.343 4	0.313 2

按照以上方法，分别计算出各二级指标权重、三级指标权重，并计算出各指标的综合权重，见表6.3。

表6.3 小浪底北岸灌区PPP项目投资效果评价指标综合权重

<table>
<tr><th>一级指标</th><th>权重</th><th>二级指标</th><th>权重</th><th>三级指标</th><th>权重</th><th>综合权重</th></tr>
<tr><td rowspan="16">项目过程</td><td rowspan="16">0.343 4</td><td rowspan="4">前期准备阶段</td><td rowspan="4">0.353 1</td><td>VFM评价工作</td><td>0.225 7</td><td>0.027 4</td></tr>
<tr><td>招标投标程序</td><td>0.259 3</td><td>0.031 4</td></tr>
<tr><td>实施方案</td><td>0.289 3</td><td>0.035 1</td></tr>
<tr><td>财政承受能力</td><td>0.225 7</td><td>0.027 4</td></tr>
<tr><td rowspan="7">建设阶段</td><td rowspan="7">0.323 5</td><td>融资管理</td><td>0.142 6</td><td>0.015 8</td></tr>
<tr><td>进度管理</td><td>0.146 9</td><td>0.016 3</td></tr>
<tr><td>安全管理</td><td>0.190 2</td><td>0.021 1</td></tr>
<tr><td>成本管理</td><td>0.152 1</td><td>0.016 9</td></tr>
<tr><td>风险管理</td><td>0.106 2</td><td>0.011 8</td></tr>
<tr><td>质量管理</td><td>0.182 7</td><td>0.020 3</td></tr>
<tr><td>人员管理</td><td>0.079 3</td><td>0.008 8</td></tr>
<tr><td rowspan="5">运营阶段</td><td rowspan="5">0.323 5</td><td>服务定价合理性</td><td>0.300 3</td><td>0.033 4</td></tr>
<tr><td>设备设施维护</td><td>0.079 2</td><td>0.008 8</td></tr>
<tr><td>运营成本管理</td><td>0.214 6</td><td>0.023 8</td></tr>
<tr><td>实时监测机制</td><td>0.135 0</td><td>0.015 0</td></tr>
<tr><td>安全应急管理</td><td>0.270 8</td><td>0.030 1</td></tr>
<tr><td rowspan="11">项目效益</td><td rowspan="11">0.343 4</td><td rowspan="4">经济效益</td><td rowspan="4">0.332 4</td><td>内部收益率</td><td>0.340 4</td><td>0.038 8</td></tr>
<tr><td>农业灌溉</td><td>0.321 0</td><td>0.036 6</td></tr>
<tr><td>城镇供水</td><td>0.183 8</td><td>0.021 0</td></tr>
<tr><td>供水成本</td><td>0.154 8</td><td>0.017 7</td></tr>
<tr><td rowspan="4">社会效益</td><td rowspan="4">0.333 8</td><td>保障区域粮食安全</td><td>0.330 9</td><td>0.037 9</td></tr>
<tr><td>改善灌区生产生活条件</td><td>0.179 8</td><td>0.020 6</td></tr>
<tr><td>增加农民收入</td><td>0.309 4</td><td>0.035 5</td></tr>
<tr><td>行业内示范效应</td><td>0.179 8</td><td>0.020 6</td></tr>
<tr><td rowspan="3">生态效益</td><td rowspan="3">0.333 8</td><td>地下水改善程度</td><td>0.428 1</td><td>0.049 1</td></tr>
<tr><td>地面植被覆盖率</td><td>0.279 5</td><td>0.032 0</td></tr>
<tr><td>灌区生态系统改善程度</td><td>0.292 4</td><td>0.033 5</td></tr>
<tr><td rowspan="3">项目满意度</td><td rowspan="3">0.313 2</td><td rowspan="3">项目满意度</td><td rowspan="3">1.000 0</td><td>政府方满意度</td><td>0.354 2</td><td>0.110 9</td></tr>
<tr><td>社会公众方满意度</td><td>0.447 9</td><td>0.140 3</td></tr>
<tr><td>社会资本方满意度</td><td>0.197 9</td><td>0.062 0</td></tr>
</table>

6.4　基于云模型的小浪底北岸灌区工程 PPP 项目投资效果评价

6.4.1　小浪底北岸灌区工程 PPP 项目投资效果评价方法选择

项目投资效果评价可采用多种方法进行，常用的方法有逻辑框架法、调查法、对比分析法、项目成功度评价法等。根据项目投资效果评价的目的和方法，选择一种或者多种评价方法开展分析。

6.4.1.1　逻辑框架法

逻辑框架法起源于美国，目前在国内外的实践中都得到了广泛的应用，已有近 2/3 的国际组织将它应用在后评价活动中，该方法作为一种计划和评价的基本方法，也是项目后评价的重要方法。逻辑框架法可应用于项目的前期立项、可行性论证、工程管理、后评价各个环节里，能够对项目的关键、重要问题或因素建立逻辑框架进行全面、系统性的分析和论证。逻辑框架法是把若干个相关因素进行同步，通过动态分析，实现对项目的设计、目标等进行评价的过程。

6.4.1.2　对比分析法

城市地下综合管廊建设项目后评估评价多采用定量与定性相结合的对比法，这是使用较多的一种方法，也是比较基础的评估方法。根据不同的对象，对比项目可行性研究与结束时的有关指标，包括目标与可持续、项目建设进度等，对比前后实施效果的差距，分析发生偏差的原因，总结原因并提出整改方案。项目后评估对比法主要有横向对比法、有无对比法和前后对比法等。

横向对比是指同类型项目间各项指标的对比，体现项目实施的优缺点，直观清晰地反映出项目的竞争水平，横向对比法在多数情况下也应当与其他评价方法配合使用。

有无对比法是指对比项目全过程周期内实施后相关指标实际值与预测值进行对比，分析该项目的实际作用和影响等，这种对比大多应用在效益评估和影响评估等方面。

前后对比法是指将项目建设前也就是项目的可行性研究报告中确定的目标、效果、运营的实际效果与项目实施相比，找到差异，进行差异原因分析并提出解决对策。这种情况下的对比可以直观体现出策划、实施和运营的质量，是项目评价最普遍的方法。

6.4.1.3　层次分析法

运筹学家萨蒂首次提出层次分析法并进行推广使用。层次分析法是在逻辑框架的基础上将复杂的决策问题按一定层次划分为不同的层级，实现系统与定量化的评估。首先建立层次结构模型及判断矩阵；然后计算每个层次各因素的权重；最后，在通过一致性检验后用加权法计算总目标权重。

层次分析法的优势在于能够化繁为简，把定性与定量进行结合，特别适合目标多、规则多且量化困难的复杂项目决策，符合多样性需求。但该方法也存在缺点，需要借助项目决策者的主观判断来确定层次结构各因素的重要性，当需要评价的因素较为模糊时受决策者主观判断影响较大，导致分析结论与实际情况出现偏差。

6.4.1.4　模糊综合评价法

模糊综合评价法利用了模糊数学隶属度理论，实现了定性评价模式到定量评价模式的转变，从而克服指标量化难度大的困难。该方法的实施程序是先确定模糊综合评价要素，建立模糊综合评价框架，然后对各项评价指标权重进行确定，接着运用模糊评价分析各后评价指标的实施情况，最后量化评价结果，形成项目的综合评分。该方法已广泛应用于各类项目后评价中，按照有关专家的论证研究，可以将模糊综合评价法与层次分析法结合使用在后评价，指标系统构建后，利用层次分析法确定评价目标的综合评价。

6.4.1.5　成功度评价法

成功度评价法也称为专家打分法，专家组按照立项阶段与计划目标，分析预估效果与实际情况之间的差异，评估项目的实施情况。项目评价的成功度一般有五个等级，分别为失败、不成功、部分成功、基本成功与完全成功。失败是指项目目标完全无法按计划实现，应及时中止；不成功是指目标实现情况较差，预计效果基本未达标；部分成功是指完成项目部分预估目标，只取得预计效果及影响；基本成功是指完成了大部分项目目标的预期效果，大体上得到预期的效益；完全成功是指项目各项预估指标均已达标甚至超出预计要求，项目带来的价值和影响均十分可观。

6.4.1.6　云模型

云模型可以实现定性与定量的互相转化，解决了兼顾模糊性和随机性的问题。其优点主要体现在：①将专家评价值以云模型表述，降低了专家评价的主观影响；②云模型克服了传统方法中存在的隶属度或其他规定的标尺的局限性，其隶属度采用软化的区间而非确定的数值，为解决复杂的评价问题提供了较好的工具；③通过对评价语言的随机性和模糊性的定量运算，提高评价的准确性。

小浪底北岸灌区 PPP 项目投资效果影响因素多，且多为定性指标，无法通过测量直接获取，只能通过评价者的知识和经验进行评价。同时，投资效果本身作为一个定性的概念表述，也存在一定的模糊性。此外，由于每一位评价者认知的不同导致了对同一指标评价结果的随机性。小浪底北岸灌区 PPP 项目投资效果所存在的随机性和模糊性是难以避免的，而云模型则能够在实现定性、定量相互转化的同时，对评价过程中的随机性与模糊性进行清晰反映。因此，本文采取云模型的方法对小浪底北岸灌区 PPP 项目的投资效果展开分析。

6.4.2　云模型理论

6.4.2.1　云模型简介

云模型是我国李德毅院士于 20 世纪 90 年代提出的一种定性与定量互相转化的模型，在概率论与模糊集合论基础上，借助三个数字特征（期望 E_x、熵 E_n、超熵 H_e）来实现定量数值与不确定性语言的相互转换。云模型并非简单的概率密度函数，也不是确定的隶属函数，而是由许许多多的云滴组成的没有边界的形似“云”的数学映射图像。目前，云模型已经应用于矿产资源评价、施工安全评价、水生态承载能力评价等方面，具有良好的普适性。

其概念为：设 U 为一个定量论域，Z 是 U 上的一个表达，若 $x \in Z$ 为 U 的一次随机实现，

则 x 对 Z 的隶属度 $(x)\in[0,1]$ 是带有稳定倾向的随机数，即 $\mu(x)$ 的分布遵从以下规律：

$$\mu:U\to[0,1]\qquad \forall x\in U,\qquad x\to\mu(x)$$

其中，每个 x 称为一个云滴，全体 x 的分布称为云。期望 E_x、熵 E_n、超熵 H_e 是云模型的三个特征参数，其中，期望（E_x）是出现概率最大的云特征值，是最能够代表定性概念的点。云滴越靠近期望 E_x，表明人们的认知越统一；熵（E_n）为数据阈值边界，反映了云模型评价的模糊性。云滴覆盖的范围越广，则熵越大；反之则熵越小。超熵（H_e）则为经验常数，其值越大系统随机性越大。云发生器是云模型实现定性、定量转化的核心算法。定性概念通过三个数字特征（期望 E_x、熵 E_n、超熵 H_e）转化为定量数据，这一过程称为正向云发生器，反之称为逆向发生器。

在进行云模型运算时，先要生成两个正态分布随机数，然后再进行隶属度计算。首先生成的第一个正态分布随机数 $E_{ni}=NORM\left(E_n,H_e^{\ 2}\right)$，$E_n$ 为随机数的期望，H_e^2 为方差；然后再生成第二个正态分布随机数 $x_i=NORM\left(E_x,E_{ni}^{\ 2}\right)$，同理，$E_x$ 为其期望，$E_{ni}^{\ 2}$ 为其方差。隶属度则采用 $\mu_i=\exp\left(\frac{-\left(x_i-E_x\right)^2}{2\left(E_{ni}\right)^2}\right)$ 得出结果。云滴通过坐标（x_i，μ_i）表示，一直重复以上计算过程，生成 n 个云滴时，停止计算。

6.4.2.2　云模型评价步骤

（1）计算各项评价指标的数字特征（期望 E_x、熵 E_n、超熵 H_e）。H_e 为经验常数，为降低系统随机性对评价结果的影响，本文中 H_e 取 0.01。E_x 可利用下式求得：

$$E_x=\frac{C_{\max}+C_{\min}}{2}\tag{6.8}$$

式中，E_x 为期望；$C_{\max}$ 为等级阈值最大值；$C_{\min}$ 为等级阈值最小值。

根据云模型性质，评价等级在趋于阈值的边界时，为一种评价等级到另一种评价等级的过渡，因此具有不确定性，应同时隶属两个等级，即

$$\exp\left(-\frac{C_{\max}-C_{\min}}{9E_n^{\ 2}}\right)\approx 0.5\tag{6.9}$$

可转化为：

$$E_n=\frac{C_{\max}-C_{\min}}{2.355}\tag{6.10}$$

（2）运用正向云发生器计算各项指标对应的不同等级隶属度。利用 Python 软件，循环计算 1 000 次，隶属度求均值得各指标对应不同等级的最终隶属度，计算公式为

$$\mu=\mathrm{e}^{\frac{-\left(x-E_x\right)^2}{2E_{ni}^{\ 2}}}\tag{6.11}$$

式中，μ 为隶属度；x 为指标值。

（3）计算综合隶属度。将不同安全等级对应的隶属度与其指标权重相乘后求和，

得出各个评价等级对应的综合隶属度。根据最大隶属度原则，确定评价等级。

$$C_{mi}=\sum_{i}^{n}\mu_{mi}\omega_{i} \tag{6.12}$$

式中，ω_i 表示指标 i 的权重；μ_{mi} 表示第 i 个指标对应评价等级为 m 时的隶属度；C_{mi} 表示综合隶属度。

MATLAB 程序语言如下：

```
clc, clear
load XX.mat
data=unnamed;
n=size (data, 2) ;
ck=data (1, : ) ;
bj=data (2:end, : ) ;
m2=size (bj, 1) ;
for j=1: m2
   t (j, : ) =bj (j, : ) -ck;
end
mn=min (min (abs (t') ) )
mx=max (max (abs (t') ) ) ;
rho=0.5;
ksi= (mn+rho*mx) ./ (abs (t) +rho*mx) ;
r=sum (ksi') /n
rs, rind]=sort(r,'descend')
```

6.4.3 评价等级划分

在进行实际投资效果评价工作时，需要预先掌握各指标样本值和各等级标准。本文在前人研究基础之上，制定了一套评价标准，该评价标准对每个指标进行了严格的等级划分，以便于在实际中应用。

评价标准是根据研究者对客观现象的认知程度确定的，是主客观相互结合的产物，从哲学的普遍性和特殊性考虑，标准都是相对的、动态的，不存在绝对的标准，随着现实中新情况、新问题的出现，标准有时也需要适时更新。大型灌区 PPP 项目投资效果评价研究尚处于起步阶段，在建立评价指标的标准时可参考的文献有限，本文基于对小浪底北岸灌区 PPP 项目进行研究的基础之上，制定以下评价指标标准：Ⅰ级为最优级，依次递减，定性指标Ⅰ级取值范围为（7.5，10.0］，Ⅱ级取值范围为（5.0，7.5］，Ⅲ级取值范围为（2.5，5.0］，Ⅳ级取值范围为［0，2.5］。定量指标按实际取值，并根据专家意见进行划分。小浪底北岸灌区 PPP 项目投资效果评价三级指标等级划分及评价标准详见表6.4。同时，结合小浪底北岸灌区 PPP 项目实际情况，将项目投资效果分为“优秀”“良好” “较好” “合格” 4 个等级。

表 6.4　小浪底北岸灌区 PPP 项目投资效果评价三级指标等级划分及评价标准

三级指标	Ⅰ级	Ⅱ级	Ⅲ级	Ⅳ级
VFM 评价工作	(7.5,10.0]	(5.0,7.5]	(2.5,5.0]	[0,2.5]
招标投标程序	(7.5,10.0]	(5.0,7.5]	(2.5,5.0]	[0,2.5]
实施方案	(7.5,10.0]	(5.0,7.5]	(2.5,5.0]	[0,2.5]
财政承受能力	(7.5,10.0]	(5.0,7.5]	(2.5,5.0]	[0,2.5]
融资管理	(7.5,10.0]	(5.0,7.5]	(2.5,5.0]	[0,2.5]
进度管理	(7.5,10.0]	(5.0,7.5]	(2.5,5.0]	[0,2.5]
安全管理	(7.5,10.0]	(5.0,7.5]	(2.5,5.0]	[0,2.5]
成本管理	(7.5,10.0]	(5.0,7.5]	(2.5,5.0]	[0,2.5]
风险管理	(7.5,10.0]	(5.0,7.5]	(2.5,5.0]	[0,2.5]
质量管理	(7.5,10.0]	(5.0,7.5]	(2.5,5.0]	[0,2.5]
人员管理	(7.5,10.0]	(5.0,7.5]	(2.5,5.0]	[0,2.5]
服务定价合理性	(7.5,10.0]	(5.0,7.5]	(2.5,5.0]	[0,2.5]
设备设施维护	(7.5,10.0]	(5.0,7.5]	(2.5,5.0]	[0,2.5]
运营成本管理	(7.5,10.0]	(5.0,7.5]	(2.5,5.0]	[0,2.5]
实时监测机制	(7.5,10.0]	(5.0,7.5]	(2.5,5.0]	[0,2.5]
安全应急管理	(7.5,10.0]	(5.0,7.5]	(2.5,5.0]	[0,2.5]
内部收益率	(8.0, ∞)	(7.0,8.0]	(6.0,7.0]	[0,6.0]
农业灌溉	(7.5,10.0]	(5.0,7.5]	(2.5,5.0]	[0,2.5]
城镇供水	(7.5,10.0]	(5.0,7.5]	(2.5,5.0]	[0,2.5]
供水成本	(7.5,10.0]	(5.0,7.5]	(2.5,5.0]	[0,2.5]
保障区域粮食安全	(7.5,10.0]	(5.0,7.5]	(2.5,5.0]	[0,2.5]
改善灌区生产生活条件	(7.5,10.0]	(5.0,7.5]	(2.5,5.0]	[0,2.5]
增加农民收入	(7.5,10.0]	(5.0,7.5]	(2.5,5.0]	[0,2.5]
行业内示范效应	(7.5,10.0]	(5.0,7.5]	(2.5,5.0]	[0,2.5]
地下水改善程度	(7.5,10.0]	(5.0,7.5]	(2.5,5.0]	[0,2.5]
地面植被覆盖率	(7.5,10.0]	(5.0,7.5]	(2.5,5.0]	[0,2.5]
灌区生态系统改善程度	(7.5,10.0]	(5.0,7.5]	(2.5,5.0]	[0,2.5]
政府方满意度	(7.5,10.0]	(5.0,7.5]	(2.5,5.0]	[0,2.5]
社会公众方满意度	(7.5,10.0]	(5.0,7.5]	(2.5,5.0]	[0,2.5]
社会资本方满意度	(7.5,10.0]	(5.0,7.5]	(2.5,5.0]	[0,2.5]

6.4.4 指标数据获取

针对定性指标的评价内容，本文通过组织专家及项目管理人员评审的方式得出评价结果。定量指标由灌区资料计算得到。

6.4.5 投资效果评价

根据各指标打分值或实测值，利用云模型计算出各评价指标对应各评价等级的隶属度。根据各评价指标的隶属度及其综合权重，可得小浪底北岸灌区 PPP 项目投资效果评价结果。根据最大隶属度原则，可知小浪底北岸灌区投资效果评价等级。

6.5 小浪底北岸灌区工程 PPP 项目投资项目评价

小浪底北岸灌区工程 PPP 项目在项目建设完成并运营一定时间后，可对照项目可行性研究报告及审批文件的主要内容，依据本章 6.3、6.4 节中建立的评价方法对项目建成后所达到的实际效果进行评价。

6.5.1 指标数据获取

在小浪底北岸灌区工程 PPP 项目投资效果评价中，针对定性指标可通过组织专家及项目管理人员评审的方式得出评价结果。定量指标由灌区实测资料计算得到。

6.5.2 投资效果评价

参照 6.4.5 进行。

6.6 本章小结

本章结合小浪底北岸灌区工程 PPP 项目的实际，从项目过程、项目效益、项目满意度三个方面入手构建了小浪底北岸灌区工程 PPP 项目投资效果评价指标体系，运用结构熵权法确定指标权重，保证了指标赋权的科学性。最后，考虑到小浪底北岸灌区工程 PPP 项目投资效果评价的模糊性与随机性，将云模型引入小浪底北岸灌区工程 PPP 项目投资效果评价，通过生成云图及隶属度计算最终确定小浪底北岸灌区工程 PPP 项目投资效果。

第 7 章　总结与展望

7.1　总　结

本书对小浪底北岸灌区 PPP 项目建设实施与运行管理中的关键问题进行了研究和探讨，包括风险识别及风险分配研究、政府方和社会资本方职责边界探索、决策与建设期政府监管措施、运行期政府监管措施研究以及投资效果评价等方面的研究。

（1）项目基本情况介绍。在介绍小浪底北岸灌区工程概况的基础上，通过对比运营管理模式优劣，结合工程特点与优势，提出了小浪底北岸灌区工程采用 PPP 模式的必要性和可行性，并全面介绍了项目立项和 PPP 模式实施历程。

（2）风险识别及风险分配研究。在介绍风险的基本理论及基础上，结合小浪底北岸灌区工程 PPP 项目的运作模式和特点，对全生命周期内各个阶段的风险因素进行识别，构建了小浪底北岸灌区工程 PPP 项目的风险分配方案，并针对政府方承担风险、社会资本方承担风险和双方共同承担风险，提出了其各自的风险防范措施。

（3）政府方和社会资本方职责边界探索。明确了小浪底北岸灌区 PPP 项目政府和社会资本的主要职责和义务，包括项目实施机构、社会资本方和项目公司等；强调了建立职责协调机制的重要性、必要性和可行性；分析了小浪底北岸灌区 PPP 项目职责协调机制和争议解决方式。

（4）决策与建设期政府监管措施研究。从政府监管的基本概念、监管主体、国内外研究现状、政府监管的必要性等方面入手，在分析灌区工程政府监管特点、监管原则与政府监管流程的基础上总结了小浪底北岸灌区工程 PPP 项目政府监管的经验，为其他同类型项目进行政府监管提供了有力参考。

（5）运行期政府监管措施研究。从项目运作安排、管理内容、运营和维护、绩效考核以及风险控制等方面探讨小浪底北岸灌区工程 PPP 项目的具体运行机制；提出政府方、社会资本方和项目公司需要采取的风险防控措施，以及项目运行期标准化项目管理等，促进小浪底北岸灌区工程 PPP 项目的可持续发展。

（6）投资效果评价。结合小浪底北岸灌区的实际，从项目过程、项目效益、项目满意度三个方面入手构建了小浪底北岸灌区 PPP 项目投资效果分析指标体系，考虑到小浪底北岸灌区 PPP 项目投资效果分析的模糊性与随机性，将云模型引入小浪底北岸灌区 PPP 项目投资效果分析，通过生成云图及隶属度计算最终确定小浪底北岸灌区 PPP 项目投资效果。

7.2 展　望

本书对小浪底北岸灌区 PPP 项目的管理与实践进行了研究，虽然总结和提炼了小浪底北岸灌区 PPP 项目的先进管理经验和做法，但经研究分析，项目在运行中仍有需要进一步关注的内容。

（1）《关于规范实施政府和社会资本合作新机制的指导意见》（国办函〔2023〕115 号）实施后，该文件要求“政府和社会资本合作应全部采取特许经营模式实施”。文件引导理念与国际充分接轨，即特许经营在付费机制视角下是 PPP 的一种模式，且在新机制下将成为唯一模式。PPP 新机制的出台，要求参与小浪底北岸灌区项目的各方统一思想、形成共识，将原有的 PPP 框架内容纳入到新机制的框架下管理。在特许经营模式的付费机制条件下，项目还可以采用 BOT 及其衍生形式，具体可根据项目实际情况，“合理采用建设—运营—移交（BOT）、转让—运营—移交（TOT）、改建—运营—移交（ROT）、建设—拥有—运营—移交（BOOT）、设计—建设—融资—运营—移交（DBFOT）等具体实施方式”，但无论采用哪种具体实施方式，都需要纳入新机制的框架下管理。

（2）虽然本书对小浪底北岸灌区 PPP 项目的风险识别和风险分配进行了研究，但由于项目自身的复杂性和当前宏观经济环境的不确定性，本书提出的风险防范和管控策略的合理性和适用性还需要时间的验证。在小浪底北岸灌区 PPP 项目中，利益相关方众多，包括河南省人民政府、河南省海河流域水利事务中心、河南水投小浪底北岸灌区工程有限公司、灌区、各受水区等，其不同的目标和期望往往会增加风险管理的挑战。此外，经济波动、政策调整及市场需求变化等外部因素也可能改变风险的性质和等级。因此，建议未来的研究应定期评估这些策略的有效性，并结合实时数据进行动态调整，确保风险管理框架的灵活性和适应性。这种持续的监控和反馈机制将有助于提高项目实施的成功率，确保利益相关方的利益最大化。

（3）本书对小浪底北岸灌区 PPP 项目运行期政府监管措施和投资效果进行了研究，体现了项目管理对运行的重视。然而，根据《关于规范实施政府和社会资本合作新机制的指导意见》（国办函〔2023〕115 号），新机制对项目运营更加重视。文件在特许经营者的选择标准中尤其强调运营能力，鼓励“特许经营者通过技术创新、管理创新和商业模式创新等降低建设和运营成本，提高投资收益，促进政府和社会资本合作项目更好实施”，并通过定期开展项目运营评价、惩戒违法违规和失信行为、建立常态化信息披露机制等方式引导特许经营者高质量运营。项目进入运营阶段后，市场对项目价值判断的高低不再取决于建设投资决算金额，而是很大程度上取决于项目收益情况，高质量运营则是项目良好收益的重要保障。因此，如何在小浪底北岸灌区 PPP 项目进入运行期后更好地在新机制下做好运营工作，是项目实现可持续发展的重点，也是项目公司关注的重点。

参考文献

[1] 彭桃花，赖国锦 . PPP 模式的风险分析与对策 [J]. 中国工程咨询，2004(7):11-13.

[2] 周兵，宋宜泽，韩世东 . 现代项目管理在通信工程中的应用 [J]. 信息系统工程，2023(8):40-43.

[3] 李本 . 基于 PPP 项目的风险管理研究 [J]. 城市建筑，2014(2):102.

[4] 冯文嵩 . 火电机组深度调峰改造项目风险管理研究 [J]. 大陆桥视野，2023(9):131-132.

[5] 曹杨 . 我国海洋石油安全风险分类与分级研究 [J]. 安全、健康和环境，2024,24(2):42-51.

[6] 潘红艳 . 政策性营业损失保险制度研究 [J]. 中国政法大学学报，2021(5):130-141.

[7] 杨方能 . 我国特大城市社会风险预防机制之法制优化 [J]. 贵州民族大学学报（哲学社会科学版），2019(2):147-208.

[8] 牛利芳，田兵权 . 浅析工程项目中的风险识别方法 [J]. 科学之友（B 版），2007(1):35-36.

[9] 郭威，王丹 . 基于 PPP 模式的公共服务完善：作用、障碍与路径 [J]. 华东师范大学学报（哲学社会科学版），2018,50(6):127-132,176.

[10] 韩晓晨，梁昕睿，刘轩成 .PPP 项目风险管理研究综述：热点与前沿可视化分析 [J]. 辽宁工程技术大学学报（社会科学版），2023,25(3):182-188.

[11] 郭桂霞，赵芳，庄芮 . 中国 PPP 项目的双边道德风险研究 [J]. 产经评论，2022,13(4):147-160.

[12] 陈婉玲，曹书 . 政府与社会资本合作 (PPP) 模式利益协调机制研究 [J]. 上海财经大学学报，2017,19(2):100-112.

[13] 昝家馨，温薇 . 建立 PPP 模式的利益协调机制：基于政府、社会资本、社会公众三方关系的研究 [J]. 中国市场，2019(15):51-52.

[14] 柯洪，龚睿玉，蒋慧杰 . 基于绩效目标关联性的 PPP 项目绩效评价指标优化研究 [J]. 建筑经济，2023,44(S2):70-73.

[15] 王楠楠，刘云飞，胡晨旭 . 基于 OPM3 的 PPP 项目管理绩效提升研究 [J]. 运筹与管理，2023,32(9):228-233.

[16] 段世霞，刘红叶 .PPP 项目的利益分配两阶段模型 [J]. 财会月刊，2015(28):7-10.

[17] 马晶 . 公共产品民营化过程中政府监管机制的完善 [J]. 科技信息（学术研究），2008(15):42-43.

[18] 陈婉玲 . 公私合作制的源流、价值与政府责任 [J]. 上海财经大学学报，2014,16(5):75-83.

[19] 王守清，王盈盈 . 政企合作（PPP）：王守清核心观点（上册）[M]. 北京：中国电力出版社，2017(3):35.

[20] 仇保兴，王俊豪 . 中国城市公共事业特许经营与政府监管研究 [M]. 中国建筑工业出版社，2014.

[21] Stern J，Holder S. Regulatory governance：criteria for assessing the performance of regulatory systems-An application to infrastructure industries in the developing countries of Asia[J]. Ssrn Electronic Journal，2003, 8(1)：33-50.

[22] Christian Lohmann，Peter G. Rötzel. Opportunistic Behavior in Renegotiations Between Public-Private Partnerships and Government Institutions：Data on Public-Private Partnerships of the German Armed

Forces[J]. International Public Management Journal， 2014, 17(3):387-410.

[23] Zaato J J， Hudon P A. Governance lessons from public-private partnerships： examining two cases in the Greater Ottawa Region[J]. Commonwealth Journal of Local Governance， 2015(16/17):12-30.

[24] Tijhuis W. Managing public-private partnerships： dealing with business-culture influences[J]. Built Environment Project & Asset Management， 2015, 5(1):22-34.

[25] Pusok K. Public-Private Partnerships and Corruption in the Water and Sanitation Sectors in Developing Countries[J]. Political Research Quarterly， 2016, 69(4):678-691.

[26] 王守清 , 刘婷 .PPP 项目监管 : 国内外经验和政策建议 [J]. 地方财政研究，2014(9):7-12,25.

[27] 丁敬雯 , 王浚丞 .PPP 项目监管的影响因素与决策机制研究 [J]. 现代经济探讨，2023(6):51-59.

[28] 丁慧平 , 孙素素 . 基于生命周期 PPP 项目资产保值管理 [J]. 会计之友，2020(22):113-119.

[29] 易欣 .PPP 轨道交通项目多任务委托代理监管激励机制 [J]. 交通运输系统工程与信息 ,2016,16(3):1-7.

[30] 张波 , 姚惠 , 刘书雅 . 生态环境保护领域 PPP 项目监管体系探析与构建 [J]. 黑河学院学报 , 2023, 14(1):50-54,94.

[31] 尹振杰 . 政府和社会资本合作模式建设项目中工程监管的研究进展 [J]. 建设监理，2023(7):52-55.

[32] 柯洪 , 王华 , 杜亚灵 .PPP 项目监管体系及其改善研究：基于中国管理情境 [J]. 价值工程 ,2019, 38(7):10-15.

[33] 李冉 . 我国 PPP 项目第三方监管机制研究 [D]. 天津：天津理工大学，2018.

[34] 李秉坤 , 胡松楠 . 基础设施建设 PPP 项目与政府监管角色 [J]. 团结，2017(4):36-39.

[35] 邓敏贞 . 公私合作视域下 PPP 协议纠纷解决机制研究 [J]. 广东社会科学，2024(2):251-261.

[36] Kathryn J. Chang,Doina C. Chichernea,Hassan R. Hassab Elnaby. On the Du Pont analysis in thehealth care industry[J]. Journal of Accounting and Public Policy,2014,33(1):83-103.

[37] Rowan John. The Social-Psychological Theory of Aggression:Brief Notes for AHP event[J]. Self &Society, 1976,4(2):25-27.

[38] Robert S. Kaplan,David P. Norton. strategic learning & the balanced scorecard[J]. Strategy &Leadership, 1996,24(5):18-24.

[39] Marinkovió Goran,Trifkovió Milan,Nestorovió Žarko. EKSPROPRIJACIJA-UZROCI IPOSLEDICE[J]. Zbornik radova Građevinskog fakulteta,2013(22):185-198.

[40] Caiyun Cui,Yong Liu,Alex Hope,Jianping Wang. Review of studies on the public-private partnerships (PPP) for infrastructure projects[J]. International Journal of Project Management,2018,36(5):773-794.

[41] Champika Liyanage,Felix Villalba Romero. Disaster risk reduction compliance framework for public private partnership (PPP) port projects[J]. International Journal of Disaster Resilience in the Built Environment,2021,12(5):484-499.

[42] Jos M.Merig ó ,Anna M.Gil-Lafuente.Generalization of the linguistic aggregation operator and its application in decision making[J].Journal of Systems Engineering and Electronics, 2011,22(4):593-603

[43] Mohammad A. Hassanain, Ahmed M. Ibrahim, Abdul Mohsen Al Hammad. Review and assessment of factors affecting the workplace relocation process[J].Property Management,2020,38(5):725-747.

[44] 王守清 .PPP 项目的后评价 [J]. 施工企业管理，2019(1):58-59.

[45] 孙慧 , 王煊昂 , 李淙 . 从动态管控角度看 PPP 项目绩效评价 [J]. 项目管理评论，2020(1):36-39.

[46] 董娜，张萌．面向综合管廊 PPP 项目的全面后评价体系 [J]. 华侨大学学报（自然科学版），2019, 40(4):494-502.

[47] 张天佑，泮俊．浅谈中央政府投资项目的后评价方法 [J]. 公路交通科技（应用技术版），2019,15(1):15-17.

[48] 陈泓洁．模糊综合评价法在油气田项目后评价中的运用 [J]. 天然气技术与经济，2020,14(5):78-84.

[49] 姚钊齐 .GIS 智能变电站项目后评价研究 [D]. 蚌埠：安徽财经大学，2020.

[50] 赵磊，宋之杰．基于成功度法的分布式能源项目技术经济后评价 [J]. 数学的实践与认识，2021,51(7):1-8.